魏世芬——著

發聲什麼事？

4堂課找回聲音的力量
完整內在和外在的自己

推薦語

聲音透露我們的心靈狀態，小芬老師多年的經驗與智慧，讓我們不但能調整使用聲音的方式，還能對發掘內在的壓抑與課題。透過這本書，我們將一窺聲音乘載的內在印記，如喉嚨緊繃、講話快又急、聲音扁平；這些我們以為無法改變的「缺點」不再只是「天生如此」，而是有改變的可能。

——柚子甜（作家／心靈工作者）

我一直深信小芬老師有魔法，當她清亮的雙眼盯著你，就清楚知道你所發出的聲音裡，那些呼之欲出的故事與情緒。這世界上有太多不為人知的情感、委屈、痛苦、渴望與愛，都藏在我們的聲音裡，聲音是透明的，我們在小芬老師的眼中也是。這本書真的太棒了，但願每個人都能暢所欲言，道出心聲，讓我們聽見彼此真正的聲音。

——**喬宜思**（亞洲人類圖學院負責人、人類圖分析師）

細讀好友小芬的新書，彷彿有道暖流經過，輕輕拍打內心的礁石，激盪出深沉動人的聲響，隨後，音韻揚升，化成一道美麗的虹彩。本書充分呈現她在「聲音詮釋指導」專業上的深厚功底，溫柔引導你安心釋放內在「真實的聲音」。她分享親身交會的生命故事，鼓勵大家欣賞與生俱來的特質，寬慰所有擔憂抗拒的「不完美」，原來背後都有值得打開並感謝的人生禮物。張開你的口，舞動你的舌，讓我們擁抱自己的聲音，在通往身心自由的道路上，輕盈高飛。

——**潘月琪**（資深媒體主持人、口語表達訓練講師、《質感說話課》作者）

［推薦序］

愛說話、想說話、需要說話者的必讀寶典

——陳致遠（萬海航運、誼遠控股、勇源基金會，熱愛音樂、運動不務正業的企業家）

很高興也很恭喜小芬老師出了新書《發「聲」什麼事？》，將她多年從事vocal coach的知識精華、用許多有趣的範例及小故事，以深入淺出的方式跟大家分享。

我二〇一七年受邀在全民大劇團的音樂舞台劇《瘋狂伸展台》客串演出，當時小芬老師擔任這齣戲的聲音、歌唱指導。我在她家和她初見面，並接受她的指導，算一算也和她結緣近四年了，這段亦師亦友的關係使我受益良多，也很清楚地見證

她是一位很棒的聲音魔術師。

我自小喜愛歌唱，東方西方、古典現代、流行鄉土，路數不拘，自創招式，闖蕩江湖數十年，也靠著一身是膽，浪得虛名，於國家音樂廳和國家交響樂團合作演唱兩次，另外也在誠品音樂廳、慈濟等場地表演過，這中間曾請名音樂人黃國倫老師擔任我的製作人，花了近六年，完成了一套四張CD的專輯，自己覺得對唱歌有一定的掌握，但仍然想要更上層樓，所以也曾分別拜師學藝過幾次，想精研歌唱技巧，總是還覺得缺少了一點什麼。直到認識了小芬老師，接受她舞台劇演出及歌唱技巧的指導，才發現她教的東西就是我想要的，於是在去年決定錄製自己的第二套CD專輯時，請她擔任歌唱指導，正式成為「魏門子弟」。

從二〇一七年登台表演舞台劇開始，到仍然在錄第二套專輯的現在，不斷有朋友告訴我說我唱歌比以前好聽，有人覺得我的歌聲感情更豐富了，有人形容我的歌聲比以前Q，有人感受到更多的畫面，有人說我歌聲很silky，有人發現我的音域變高了，我也明顯感受到自己的進步，這都歸功於小芬老師的指導與提點。

跟著小芬老師練習歌唱有術科、也有學科，她從口腔結構、發聲原理等先作解釋，接著在暖身時我會做如同幼幼台節目的唱跳動作，有時也會加入太極拳的動作，目的在於鬆開不同部位的肌肉，做完暖身後會發聲，之後再開始唱歌。

在唱歌時，小芬老師會用各種不同的方法或例子去引導、去詮釋、和我共同討論一首歌可以怎麼唱，我們會從作者寫歌的背景、原因開始，去思考歌曲的情緒轉折如何鋪陳？我們該如何佈局一首歌曲的重點或結構？歌曲的畫面可以有幾種樣貌？所以我們應該用什麼樣的技巧、力量、共鳴、分段、節拍來表現一首歌曲？因此我們每練完一首歌曲，都有新的體驗和突破。

在本書中，小芬老師在談說話，而不是唱歌，說話人人都會，但不同的人表達、溝通的能力、技巧、效果、影響力可是高下差異甚巨！小芬老師和教我唱歌一樣，很有系統地從身體發聲的原理以及身體結構開始，告訴讀者聲音特質會由於生理條件因人而異，進而指出聲音易疲累的原因及不良的　話習慣可能導致的負面影響，以及該如何修正、補救、訓練、保養。

她也指出如何克服平時說話或面對聽眾時會緊張、恐懼的狀況，也建議了解決、處理某些特別嚴重的說話問題或障礙的方式。她告訴我們除了不同的共鳴腔的發聲，去表達不同的情感與訴求，我們也可以使用眼睛、手勢乃至整個身體去加強及優化訊息的傳遞。

她也用了很多例句來告訴我們，同樣一句話，有多少種不同的表達方式，譬如：看到馬兒跑、聽到小娃娃哭泣、看到火箭、看到流星……都可能因為當事人的身分、環境、心情、角色的不同，他們的話語也會產生不同的音質、力量、速度、線條，讓人聽來有極大的差異。我們說話只需掌握上述的特性，自然會產生不同的效果。

上述這種說話能力若掌握得好，不但增進自我的表達能力，也可以在與人相處或溝通時，更加了解對手或其他人的話語中隱含的意思、思考模式，甚至他們的出身、成長背景，幾乎像是用聲音來算命，小芬老師也用了幾個小故事來說明此點，讓我十分佩服她除了會教導說話、唱歌之外，更具有「半仙」的功力。我深深覺得若能達到此境界，在人與人之間的互動、溝通，乃至談判等均能享受方便，甚而佔有優勢。

我鄭重推薦所有愛說話、想說話、需要說話的朋友們仔細研讀這本寶典，相信這會對您的日常生活、工作、及其他所有與人互動的場合中更加輕鬆愉快、遊刃有餘、事半功倍、效果顯著。

［推薦序］

這是一份祝福，更是一種陪伴

——賴雅妍（演員／歌手）

從小，我們聽過的童話中，總有一個神奇的角色，不管是想去參加舞會的灰姑娘，還是被詛咒的公主，故事中總會有一位神仙教母或是善良的仙女來幫忙。小芬老師就是這樣的一個存在，我們大家聲音的天使老師。

小芬老師的神奇之處，就是她可以透過聲音幫助每個人找到當下你最需要的武器或勇氣，而工具都在你自己的身上，甚至只是和她在上課前聊了半個小時的天，之前一直唱不到的音，都會因為解開了心中的結而能夠唱到。如小芬老師所說，聲音記錄了我們所有的訊息，我們天天與之相處，卻常常忽略它。

很高興知道小芬老師從課堂工作坊走入文字的分享，我很喜歡書裡每一個被分享的聲音故事，更喜歡那些玩著玩著就找到自己的小練習，能更加寬廣地幫助每一個打開本書的讀者，透過聲音找到自己、療癒自己，並且正確地使用自己的聲音。在她打造的能量場裡總是非常溫暖的，每個人、每個聲音特質都是被欣賞著、被了解的，在她的文字裡亦是。不管你的聲音是高矮胖瘦，不管是不是真的喜歡自己的聲音，有的時候，你只是需要一次聊天、一個懂你的人，或是一段文字。

願每一位翻開這本書的人都被深深地祝福著，也願在閱讀中印出一張屬於自己通往世界的名片。

目次

PART 1

我的聲音出了什麼問題

PART 2

為聲音化妝，變成你要的角色

PART 3

公開演講如何使用聲音

PART 4

釋放內在的真實之聲

［自序］

聲音——通往世界的名片，走進內心的鑰匙

你是否曾經一聽到某個人開口講話，就下意識地感到厭惡，不想跟他說話？或是一聽見某個人的聲音，就覺得這個人好值得信賴，很想再進一步認識這個人？這些都是我們的生物本能，透過聽覺去判斷一個人。因為，聲音裡傳達了太多的訊息。

我是一位聲音詮釋指導（vocal coach），專門為舞台劇與音樂劇的演員指導歌唱，同時是許多金鐘、金馬藝人與政治人物、企業家的聲音顧問。

聲音就像一張通往世界的名片，在你開口時，標誌了你是誰，你在做什麼，你

是個怎麼樣的人，你是否有趣值得深交，你是否穩重適合一起合作。

你可能會覺得自己又不是演員或公眾人物，會說話就好，有必要對聲音的使用做更深一層的了解嗎？其實，在這個時代，單一平面的聲音已經不夠用了，即便在日常生活中，每一個角色所使用的聲音線條、用氣、聲調用法都不盡相同，我們在面對不同的對象時，就是在扮演不同的角色。

以我自己為例，對外，我是藝術家、聲音教練、評審、戲劇系老師；對內，我是媽媽的女兒、中年男子的太太、兩位女兒的媽媽、每天需要倒垃圾的住戶。我至少擔任八個不同的角色。我相信每個人都是如此。

在工作上，需要專業的、愉悅的、有服務性的、歡迎的聲音；在談判桌上對峙，需要有主導局勢的、控制的、或是以退為進的聲音。開心的、興奮的聲音讓大家了解到你是有親和力的人；堅定、決絕的聲音，讓對方了解你有底線與原則。嗚咽的、悲傷的聲音，讓你能適時展現脆弱的一面，並讓大家知道你需要靜靜，或是幫助；平靜的、恬適的聲音，能讓大家都沐浴在你的包容與溫和之中。

二〇一二年，我創立小芬聲音工作坊。

我帶著學員們覺察自己的生理構造、聲音使用習慣，彈性流動地在不同場合，用不一樣的聲音表情應對，達成每一次開口說話的目的，聰明運用聲音，與自己的聲音一起好好工作。

同時，我更領悟出一個道理——教發聲容易，解決發聲背後的問題才難。

我曾受邀到一個舞團去開發他們的聲音，與我接洽的窗口是一位二十四歲的女舞者，她的舞姿優雅流暢，但話總是不多，每次我問她場地設備的事，她都睜著大大的雙眼，以點頭或搖頭代替回答，彷彿舞蹈已成了她的語言，開口說話反而是件難事。

到了最後一堂課，我忍不住問她：「你小時候有人陪你練習說話嗎？」她停了一下，勉強擠出一聲「有」。一個「ㄛ」很濃，但沒有「ㄨ」收尾的「有」。我再問：「語言學習時，模仿發音的對象是家裡的長輩嗎？」她用扁而壓低的聲音說出：「爸媽很忙，所以把我丟在鄉下。」頓時，空氣凝結了很久，我心中升起一絲思緒，這樣不流暢的聲音，可能小時候開心或是不開心、都習慣隱藏在心，不會說出來。

突然間，她水汪汪的大眼睛，就咕嚕嚕流出眼淚了，她先是哽咽，才緩緩說出，自己的父母在城市工作，把她交給阿公阿嬤照顧，他們都忙著務農，沒什麼時間陪她，身邊也沒有可以一起「練肖話」的朋友，小時候的她的確是孤獨安靜地長大，也習慣了沉默不語。

每個人的聲音裡，或多或少都藏著看不見的傷。

我不禁想，天底下有多少孩子是在類似這樣的環境下長大？這些成長時期的抑鬱，後來都得到釋放了嗎？

另一位喜愛歌唱的媽媽來到我的課堂，每一次只要講到比較開心、激動的事，聲音自然隨之提高時，她的聲音就會分岔，像是斷裂的馬路，開到一半突然顛簸下陷。她說因為聲帶曾經長繭開過刀，手術後就再也不能像以前一樣愉悅地飆高音，聲帶上總有個跨不過去的坎，擋下了她許多的快樂。

她才娓娓道來曾經離過婚，一直問自己為什麼老公會外遇，過去很長一段時間都將不滿和委屈隱忍在心，不敢表達，這也無形中為她的喉嚨帶來壓力，於是被背叛的憤怒逐漸在喉部發酵。她一肩扛起養家的責任，在百貨公司擔任櫃姐，她總是賣力工作，常常和客人講到聲嘶力竭，聲帶才慢慢發炎長繭。她過度消耗自我，又在家庭關係中不快樂，直到離婚後終於能喘一口氣，但聲帶卻忠實記錄了這一段情感上的耗損與傷害。

我問她，那你會懊悔或責怪自己嗎？她一臉被說中的表情看著我：「對，我現在最後悔的就是自己過去浪費了好多時間，在滿足家庭中的角色，就算早就超過我的負荷，我還是咬牙硬撐下來，也不敢直接拒絕婚姻關係，都覺得再試試看好了，直到真的不行才放棄，也是這樣給對方吃死死的，真的太傻了。結果現在連最喜歡的合唱團，我都不能唱了。」

比起那道聲帶上的傷，心靈上的傷更是需要被看見且治癒，那代表了她不敢為自己站出來，隱忍硬吞下的許多委屈。

你的字字句句，都告訴世界你是誰，有過什麼樣的經歷。

課堂上學員們的一字一句，除了文字內容外，聲音所傳達的，透露的，甚至隱藏的，都比我們以為的還要多很多。每每學員才開口說幾句，我就能從他們的

「聲音密碼」中，大略推理出他們的背景、職業、年齡、個性、身體狀況甚至原生家庭的種種。但其實，這並不是我會通靈或有什麼特異功能，而是我從一齣齣音樂劇中的不同角色琢磨，以及多年來學員們所分享的，一個個真摯誠懇而美麗的生命故事去感同身受體會的。我真的相信，表情眼神或許能刻意做作或掩飾，但聲音忠實地記錄了一個人一生所有的訊息，只是我們從沒仔細去聆聽，也不曾細細想過。

所以，聲音除了告訴這世界你是誰之外，其實也是一把走進我們內心的鑰匙——你都說些什麼，你不敢說什麼，聲音哪裡卡住了，往往都與你的內在世界緊緊相扣。身體的傷，其實慢慢會復原，我大可以分享發聲按摩聲帶的方法；但有些心裡的傷，看不見，卻如影隨形，深深影響了我們。透過聲音去聽見最深層的內心，那些過不去的坎，一直在等著被看見並跨越。

一路帶著學員們從追求完美的發聲，到面對、處理、接納自己各種的過往與傷痕，我終於也才開始接納、喜歡自己的聲音，一個陪著大家「從聲音認識自己」的聲音詮釋指導，也在這一趟旅程中找回了自己。

聲音是每個人通往外在世界的名片，也是走進自己內心的鑰匙。而這張名片和這把鑰匙，就掌握在你身上。

PART

1

我的聲音
出了什麼問題

擁抱自己獨特的聲音

——聲音是支援你，還是出賣你？

你喜歡你的聲音嗎？覺得自己擁有什麼樣的音色？厚重／輕盈、沙啞／甜美、高亢／低沉、無力／朝氣？

如果用一個顏色來形容，你的聲音是什麼顏色？有位女孩說，自己的聲音是濃郁的黑夜，低沉的嗓音像深夜廣播節目主持人，能在下班後的夜晚撫慰疲憊的靈魂。另一個女生說，她是純淨的白，但不是因為聲音乾淨，而是她發現自己面對不同人時，說話的感覺都不一樣，就像一張白紙，充滿各種可能。

而如果聲音是一道菜，你的菜餚又是什麼呢？一位中年大叔說，他是鬧哄哄的熱炒，嗆辣又振奮，像極了他豪邁又沙啞的嗓音。另外一位女學員幽默地說：「那我應該是鴛鴦火鍋，不懂我的人就覺得我講話一針見血、不留情面，懂我的人就知道那是心靈雞湯，忠言逆耳。」如此具體又有趣的形容方式，在場的人都紛紛笑了出來。

一樣米養百種人，每個人的聲音也不可能完全一樣。從生理、心理的不同，造就出了千萬種各式各樣的聲音。

什麼？原來你的聲音與長相有關？

這世界有千萬種聲音，因為每個人的長相、骨架、齒列、舌頭都不一樣，所以就有各式各樣的音色。生理的基本架構，決定了我們的嗓音，所以你可能會發現，有些臉型相似的人，也會有相似的聲音特色。

比如鵝蛋臉、瓜子臉、菱形臉、方形臉、倒三角臉、長形臉和圓形臉，猜猜看哪一種人的聲音能傳得比較遠？

答案是顴骨較高的方形臉或是圓形臉，因為聲音是透過氣息通過聲帶震動，

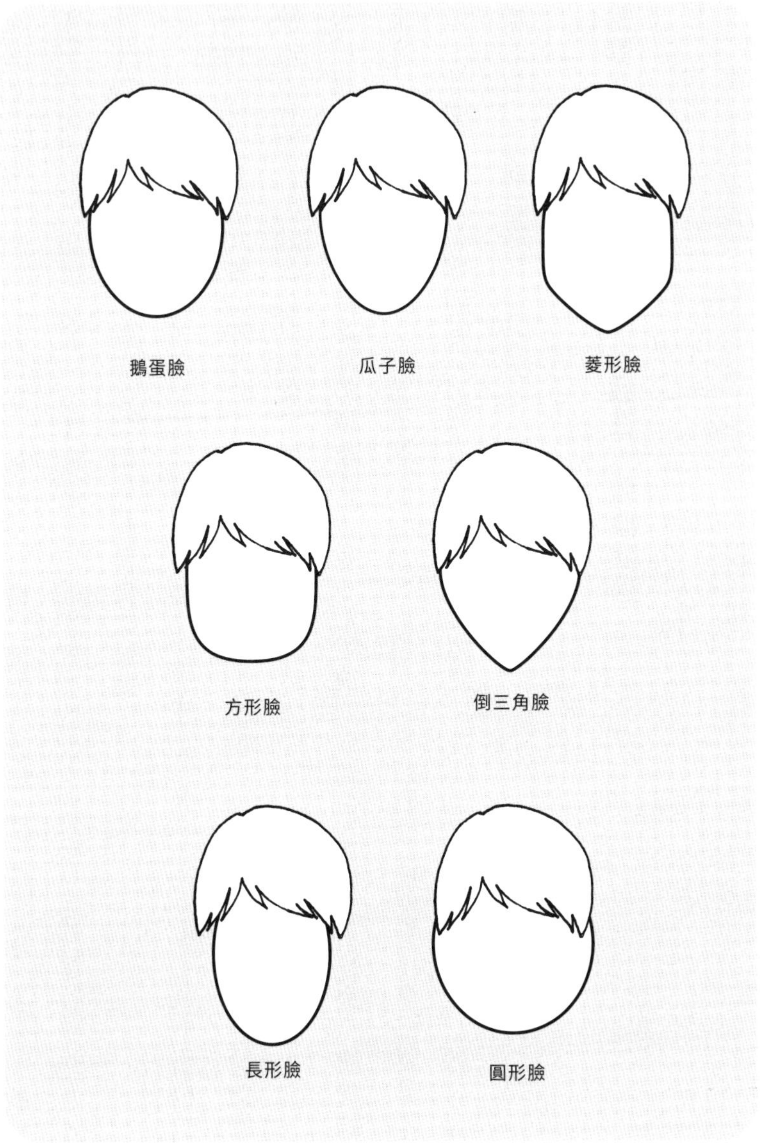
鵝蛋臉
瓜子臉
菱形臉
方形臉
倒三角臉
長形臉
圓形臉

先發出小的基礎音，再藉由咽、喉、嘴、鼻，管狀、橢圓狀的腔體擴大音量。我們的臉本身就是一個共鳴腔，有不同的孔洞能讓聲音放大，所以寬而潤澤臉型的人，天生擁有較大的共鳴空間，聲音自然能傳得比較遠。

上下顎的咬合同樣也會影響聲音。有些人的下顎較為凸出，就是我們俗稱的「戽斗」，聲音可能會被擋住，聽起來就會有點悶悶的，或是比較小聲。而牙齒有缺角，有些音色就會難以發出，出現「漏風」的可能。

我曾經受邀到一個著名大學演講，有一位掃地的阿姨也在後面當聽眾。演講結束後，她跑來問我：「所以我骨架長這樣，是不是就沒有辦法改變了？」當然不是。即便是骨架一樣的人，還是會因為個性、經歷，音色有所差異，所以大家不用擔心自己的聲音特色會被骨架、長相所侷限。

聲音會洩漏祕密：工作、個性、健康狀態

我曾經遇過一位女學員，她說自己跟其他三姊妹是四胞胎，長相一模一樣，音

色自然也都相同。她們都是小臉美女，聲音偏細柔，她們曾經一起參加旅行團，導遊說完全無法分辨四個人的聲音。

但是當她給我聽其他姊妹的聲音時，我發揮了「聲音偵探」的特質，聽出了細微不同。大姊講話的咬字清晰，句尾都會微微下壓，顯現出一種權威感，比較像是企業的高階主管；二姊講話線條比較多，富有浪漫特質，我猜是藝術家或創作者；三姊的中氣明顯較虛弱，聲音傳送位置很低啞，吃力傳不太出去，我想她可能身體不太好；而最小的妹妹，也就是這位女講師，因為長期講課，聲帶已經發炎，雖然聲音依舊甜美，但聽得出已覆上一層沙啞與瘀痰。

她聽了我的分析後非常驚訝，眼睛張得大大的：「大姊是自己創業當老闆，二姊是舞者，三姊這幾年罹癌都坐輪椅，我的喉嚨也真的有長繭。」她說我根本會通靈，又是一個以為我是女巫的人。

從四胞胎的故事我們知道，即使是長相一模一樣的人，因著經歷、個性、健康狀態不同，也形塑了不同的聲音。

接下來的七個篇章，我們會針對聲音生理層面的運用，深入介紹身體的各個部位是如何影響到聲帶的運作，以及要如何正確地使用它們。一一破解各種聲音煩惱，只要跟著勤加練習，就能有效改變。

搞懂自己的聲音特質，了解長期的使用習慣，才有機會找回正確方式，跟自己的聲音好好工作，好好說出你想表達的話。

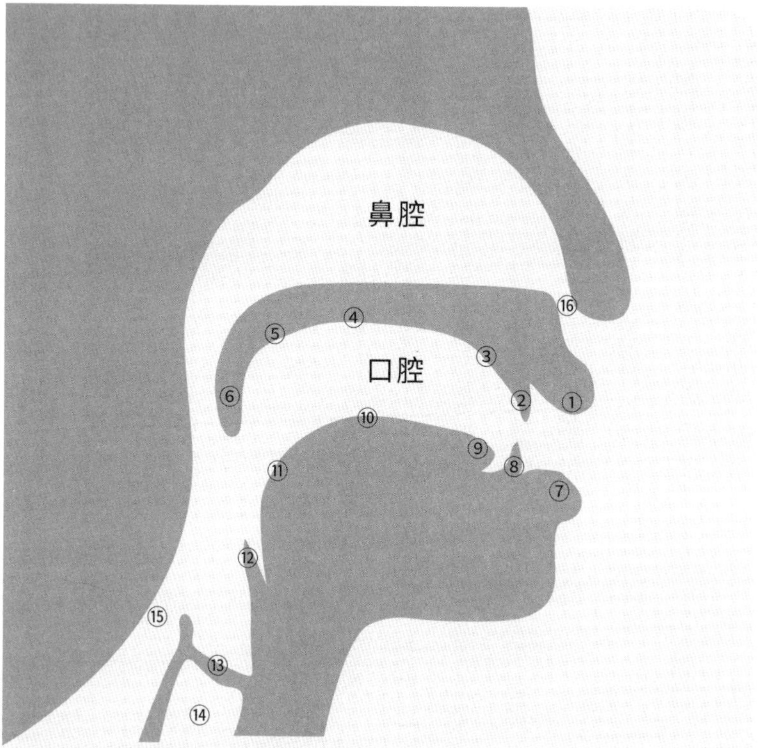

① 上脣
② 上齒
③ 上齒齦
④ 硬顎
⑤ 軟顎
⑥ 小舌
⑦ 下脣
⑧ 下齒
⑨ 舌尖
⑩ 舌面
⑪ 舌根
⑫ 會厭（喉蓋）
⑬ 聲帶
⑭ 氣管
⑮ 食道
⑯ 鼻孔

為什麼我的聲音含糊不清？（一）

——嘴唇是懶散與積極的終極開關

嘴唇周圍有一圈肌肉，它的鬆緊和靈活度影響了發音是否正確，我們常常形容很會說話的人是「耍嘴皮子」，就是在說他的嘴唇特別靈巧。

你可以觀察看看，講話含糊的人都是因為不太動嘴巴，嘴皮懶散不動，如果加上尾音又往下垂，就會讓人家覺得你沒精神、很遲鈍，跟你在一起一定很無聊，還容易被貼上「懶惰」、「不負責任」的標籤。

但如果過度靈巧的嘴唇又會是什麼樣呢？

作為一名聲音教練，我在幫演員塑造不同角色時，最關鍵的就是唇型的塑造。古裝劇裡面的太后，或是韓劇裡面富豪男主角的母親，都是精明能幹，獨自撐起整個家族的女強人，要處理的事情像山一樣高，長時間處於高壓的情況下，又要凡事快刀斬亂麻，你會發現他們講話十分快速，高壓造成了嘴皮用力過度，導致他們講每一個字都過於清楚，反而聽起來會太過伶牙俐齒。這樣咬字的人會給人難相處的感覺，愛吹毛求疵，抓人家各種小辮子。

所以嘴皮應該要靈巧地，像新聞台的主播那樣，跟著發音快速變化嘴型，就像小鳥嘴巴噘起，啾啾啾地動。

有另一種人說話特別含糊不清，音調又低，每每開口就像要他的命，心不甘情不願吐出幾個字，字與字之間又像拖著重物前行一樣，就算你的耳朵已經貼上他的嘴，還是聽不見他在說什麼，這樣的聲音過了二十秒之後，我們通常會下兩種決定：一、扒開他的嘴，看看裡面發生了什麼事。二、馬上離開他，拒絕再跟這個人有更多交談。

偏偏在日常生活中，這樣的聲音時不時就會出現在我們身旁。

害怕自己聲音的變聲期少年

我的鄰居弟弟就是一個經典，小時候他最喜歡唉唉叫，每天「媽媽媽」地喊個不停，肚子餓時：「媽！我要吃早餐！」找不到東西時：「媽！我的襪子在哪裡？」家裡處處是他的叫聲，每天下課回家後，也一直纏著媽媽說學校發生的事。

弟弟原本稚嫩輕盈的童音，升上國中後，有天早上醒來突然變了，叫媽媽的聲音從原本的高音一下子跌了兩個八度，聲音變得沙啞而低沉，他整個人嚇了一跳，自己怎麼變成了一個「破嗓子」？

從那以後，弟弟就不再媽媽叫了，他變得不太愛講話，不想讓自己的聲音傳出去，媽媽問：「要不要吃早餐？」他懶懶回應：「嗯。」「要吃熱狗還是蛋餅？」「嗯。」一副要說不說的樣子。媽媽開始擔心他是不是生病了？還是進入叛逆期不愛她了？甚至懷疑是不是他太沉迷電動，才變得如此精神渙散？

其實弟弟並不是不想講話，或是沒有誠意溝通，而是當時的他正經歷青少年的變聲期，聲帶變得大而寬厚，加上身高抽高，脖子變長，共鳴的空間改變，就使得聲音和以前不太一樣。

許多青少年因為對新的聲音感到陌生，就會產生「我無法掌握自己聲音」的挫折感，不相信自己能像以前一樣自在說話，長久下來，嘴巴周圍的肌肉，特別是嘴唇的部分，就會因懶惰而鬆弛，不再能清楚地說話，如果旁人的反應又是：「蛤？你說什麼我聽不懂？」「你為什麼不能好好說話！」再度加重他們的挫折感，陷入更不想講話的惡性循環。

不被理解，乾脆再也不說話

每個人不說話的原因不同，有些可能是覺得說了也不被了解。

毓芳今年四十歲，是頗有成就的設計師，與無數個國際品牌合作過。她在課堂上不太喜歡說話，自我介紹只用短短兩句帶過，我判斷她就是典型的「懶嘴唇」一族。後來有次的錄音作業，我請同學們說說「生命中最美好的記憶」，才聽見毓芳娓娓道來童年故事。

毓芳從小就非常喜歡畫畫，會拿著銅板在家裡的牆壁塗鴉，雖然每次都被大人罵，但總無法阻擋她想畫畫的熱情。上國小後，每當遇到美術課，她就非常認真畫每一張圖，老師會把畫得不錯的作品貼出來展示，毓芳每一周都期待自己的作品出現在佈告欄上，女孩一直等一直等，踮著腳尖殷殷期盼，卻始終沒見過自己的畫。

「我漸漸變得很自卑，覺得同學畫這樣就可以被貼上去，為什麼我再怎麼努力都沒有被看到。」得不到認同的毓芳，開始變得不愛說話，原本是想看看這樣是否就會有人注意到她，後來老師真的注意到了，卻是逼迫她開口，故意點名她站起來說話。毓芳不肯，老師就叫她出去罰站，或是直接打她，她委屈又倔強的嘴巴閉得更緊，幾乎有一整個學期，她在學校沒說過半句話。

升上高年級後，學校安排了一位新的專任美術老師，毓芳發現這位老師很不一樣，在一次名為「暑假最美好的回憶」作業中，毓芳想畫下去海邊玩的記憶，剛剛構好圖，老師就稱讚她畫得很好，並且拉著她的手蘸起白色顏料，畫出了海中的波浪，毓芳像看到魔法般驚呼連連。

國小畢業前，美術老師幫同學舉辦了一場畫展，在那個小小角落，毓芳驚訝發現，牆上多達七成畫作都是自己的作品，內心激動不已，「這讓我長出了自信，知道自己是能夠畫畫的！」也是當年的鼓舞，一路支持著她走上了設計師之路。

「那是一生中最棒的回憶，此生獨一無二的。」毓芳說著這個故事，帶著微笑與欣慰，想起為什麼不動脣、不張嘴的過去，也重新想起曾經被那樣賞識的美好，鬆綁了自己不想動嘴脣的意念。

就像弟弟和毓芳的故事，也許人們不是不愛說話，更不是沒有誠意溝通，而是碰上了不知所措的生理轉變，或是無法表達自我的痛苦，自己也不知該怎麼辦。

我們都在等那一個被全然了解、接受的時刻，能夠自在說出真正想講的話，如果暫時等不到那位伯樂，你也可以當第一個接納自己的人，拾起過往的破碎，從此刻重新開始。

聲音藥單：一起來耍嘴皮子，靈活上下嘴脣

訓練嘴脣的靈活度，我們可以做下面兩種練習：

一、噘嘴練習：

對著鏡子噘嘴，像是要親鏡子那樣，確認自己的嘴型有噘好噘滿，五秒後放鬆，再重複練習五到十次。

二、單字練習：

1. ㄨ、ㄩ、ㄛ、單字練習：

嘴脣噘起由中間向外擴，唸這些單字：我、如果、畫畫、於是，帶有「ㄨ、ㄩ、ㄛ」的發音，特別需要上下嘴脣靈活地噘起。

2. ㄅ、ㄆ、ㄇ、ㄈ單字練習：

含有ㄅㄆㄇㄈ的音，則是需要上下嘴唇碰在一起，像是：不可思議、遍佈、偏頗、美白。

三、加速嘴唇的開合，繞口令練習：

1. 我張輔仁絕不唬人。

2. 山南一個崔粗腿，
山北一個崔腿粗，
兩人山上來比腿，
不知道是崔粗腿的腿粗，
還是崔腿粗的腿粗。

3. You know New York.
You need New York.

You know you need unique New York.

4. 黑化肥揮發發灰會花飛，灰化肥揮發發黑會飛花。

為什麼我的聲音含糊不清？（二）

——舌頭與牙齒的清晰度，讓你成為遲鈍或是機靈的人

如果說嘴唇的靈活度會影響他人對於你「做事態度」的觀感，那麼舌頭與牙齒的清晰度，就會讓他人無形之中定調了你的「做事實力」。

我們常常會遇到講話大舌頭的人，你會發現，當他講話時，周遭人總會看起來有些不耐煩，在電視劇、電影中，有大舌頭的人也總是會做出一些可愛的笑料。其實，他們或許是積極認真的人，卻因為舌頭的不靈活給人一種「鈍」的感覺，講話不清不楚，所以不太信任他們能將一件事情做好，因此不知不覺就吃了虧。

被蓋住靈氣的女孩

文伶是一位在NGO負責行政內勤，工作認真的女子。年屆三十五歲的她，身材瘦削、臉龐稚嫩，看起來有點孩子氣，她的雙眼充滿靈氣，嘴角揚著笑意，第一天上課，就主動搭訕隔壁的同學聊天，像是電影《動物方城市》裡的兔子警官哈茱蒂，有著對世界大大的友善與好奇。

當我請大家介紹自己，輪到文伶時，我卻完全被她的鈍舌頭嚇到：「大家好，我是文伶，今年三十五歲。」聲音像機器人一樣毫無生氣、抑揚頓挫，舌頭極為用力下壓，把嘴裡的每個字都壓扁了，脣齒的形狀與咬字不完整，比起說話，更像是在嚼口香糖。

文伶說，她在職場很容易被恥笑，主管同仁常說她說話很像在生氣，但她明明沒有；跟其他部門溝通時，他們連正眼都不願看她。「只要我一開口，他們就不耐煩，一直敷衍或打發我，不想好好聽我說話。」

原來文伶不是哈茱蒂，而是《窈窕淑女》中的賣花女，有著空靈的外型，卻配上了一副扁而刺耳的聲音，我為那股土味掩蓋住的靈氣感到可惜。

好好說話，可以創造三十萬美金的演講

文伶讓我想起另一位朋友曉曼，她是時尚圈的重磅人士，已經在業界二十多年，每年她都會飛往各國，征戰大小時裝周，坐在秀場近距離觀察年度流行趨勢，再報告分析給台灣業者，每次只要看她身上穿的衣服，是流蘇、碎花還是極簡風，就可以知道接下來的時尚風潮，簡直就是台灣版「穿著Prada的惡魔」。

曉曼告訴我，她在每一次正式會議，或是上台演講前，都會一邊複習要分享的內容，一邊做「舌頭繞齒」的暖身運動，幫助臉部肌肉放鬆，靈活口齒周圍，才能給出資訊清楚、聲音堅定悅耳的分享，曾有女同事對她說：「聽你說話就讓人覺得很值得信任，很可靠，甚至很想跟你談戀愛呢！」

你知道嗎，曉曼一場對外演講的收費高達美金三十萬，大家還是趨之若鶩想聽

她說話，除了她本身對時尚產業的專業知識外，優質的口語和聲音表現，也是她提升個人價值的重點之一，所以把說話方式和聲音掌握練習好，絕對是不容小覷的一件事！

清晰的咬字是第一步，除了我們在上一篇說的嘴脣口型，牙齒和舌頭也是關鍵。

同樣擁有對工作的熱忱與專業，當你在口語表達上吃虧，專業度就會大大打折，即使空有一身好功夫，也會在第一印象就被畫上叉叉。

與牙齒最息息相關的就是舌頭，許多詞彙像是「知」、「吃」、「詩」、「資」、「此」、「司」，含有「ㄓ、ㄔ、ㄕ、ㄗ、ㄘ、ㄙ」的發音，就是需要上下開合的齒列，和舌尖擺放在對的位置。

牙齒的排列，會影響講話的清晰度，例如我們俗稱的「戽斗」，就是下顎比上顎凸出，講話時聲音會像被包起來。如果有戴假牙或是缺牙，講話的發音也會變得不一樣。

聲音藥單：訓練舌與齒的靈活度

一、讓我們來細分不同發音的嘴唇、牙齒與舌頭位置：

發音	祕訣	練習字詞
ㄉ、ㄊ	將舌尖頂到上排牙齒的後方，ㄉ音比較用力，ㄊ音放鬆一點。	大鬧、藍天、地毯
ㄋ、ㄌ	一樣將舌尖頂到上排牙齒的後方，但是舌頭要比ㄉㄊ音要兩旁拉平一點，ㄋ字音要比較緊黏上顎，ㄌ字則要輕巧地彈過上顎，像是把舔冰淇淋的動作反過來從上顎做。	你好、禮物、哪裡 繞口令： 「牛郎戀劉娘， 劉娘戀牛郎， 牛郎年年念劉娘， 劉娘年年唸牛郎， 郎念娘來娘戀郎。」

ㄍㄎㄏ	舌頭平放，舌根放鬆。	口供、貨櫃、開工
ㄐㄑㄒ ㄧㄞㄟ	嘴型向兩邊拉開，呈現「一」的樣子，舌面也拉開平放。	結交、氣息、績效
ㄓㄕㄖㄦ	捲舌音，牙齒稍微用力靠近，但不能碰在一起。	知識、兒時、日誌
ㄗㄙㄘ	嘴型向兩邊更加拉開，呈現「一」的樣子，舌面拉開平放。	自私、廁所、走私
ㄈ	上排牙齒輕咬下排嘴唇	發放、紛飛、吩咐

二、知道了不同發音的關鍵後，再來訓練舌頭的靈活度：

1.唸「拉」和「那」：

示範音檔

早上起床時，我們全身的肌肉通常處在放鬆狀態，舌頭也是，如果要喚醒舌頭，可以反覆唸「拉拉拉拉拉」和「那那那那那」，重複五到十次，訓練舌尖的肌肉運動。

2.用舌頭繞牙齒舔一圈：

示範影片

這就是曉曼分享給我的小方法，在說話之前，先閉著嘴巴，將舌頭貼著上排牙齒，開始沿著齒列舔一圈，就像刷牙一樣。這個動作能幫助乾燥的口腔產生口水，在需要上台報告或是大量說話前，都可以用這個祕訣幫助說話更順暢。

繞齒運動完，再將整個舌頭伸出來，往下巴的方向延展，像對討厭的人吐舌頭那樣，把舌頭根部也一起放鬆，說起話來將更加流暢。

每個人都有能力，透過練習克服困難

最後我想分享我一位中學同學志傑的故事。

志傑從學生時期就是班上的第一名，後來順利考進醫學院，畢業後成為享譽國際的腫瘤科名醫，醫治過無數病人。但醫生的生活忙碌，總是日夜顛倒，有天他發現自己的舌頭破了一個小洞，原以為只是一般潰瘍，卻過了一年半都沒有好，他於是自己做了切片檢查，結果竟是舌癌第一期！

志傑在後續的治療手術中，切除了近五分之一的舌頭，講話變得很鈍，你看得出他很努力說話，但每個字都無法正確發音，彷彿從一個專業權威，變成了一個五歲孩子，讓人覺得好心疼，又生氣這世界怎麼這麼荒謬，讓一位腫瘤科大師罹患了癌症？

過了一年後，當我再次在同學會上見到志傑，他已恢復了百分之八十，幾乎聽不出他經歷過舌頭切除手術。他告訴我，自己在過去一年慢慢地努力練習咬字，訓練舌頭的肌肉，重新校正ㄛ、ㄚ、ㄝ的脣型，再適應更難的ㄗ、ㄘ、ㄙ等咬字，才漸漸找回了往日清晰的口條。

他的故事讓我很感動，也想藉由志傑的經歷鼓勵大家，如果你困擾於自己的咬字不清、口吃或大舌頭，請不要急也無須氣餒，陪自己練習每一塊說話肌肉，像健身重訓那樣，一天天聚集力量，清楚地擺對嘴脣、牙齒和舌頭的位置，然後勇敢發出聲音。

不批判自己的聲音，或是嫌棄他人的聲音醜、咬字不清，用以上介紹的方法穩定練習，一定可以克服口齒不清的問題！

為什麼我的聲音這麼小聲？

——打開上下顎，在口中建造一個音樂廳

初次見到祐承，是在一間幽靜的咖啡廳，年近三十歲的他在美國念法律博士，是大家眼中的學霸高材生。那天他穿著整齊襯衫，戴厚重眼鏡，一進門看到我，就遠遠點了個頭，沒有什麼其他表情，然後謹慎地向我走來，彷彿我們今天是要談一個嚴肅的法律委託案，而不是針對他的聲音問題討論，連我都微微緊繃了起來。

祐承的周圍彷彿有一個看不見的框，把他架在一個規矩的範圍內，動作都很自律嚴謹。他的嘴角線條僵硬，講話的聲音卻小到我幾乎聽不見，明明那天只有我們和另一組客人，我還是要很用力才聽到他的話，加上語速又很快，聽起來比較像在自言自語，好像不太想跟我說話。

學歷如此亮眼的他，為何無法自信地開口說話呢？我問祐承：「你的聲音是不是阻礙你整體對外的表現，口考面試時，是不是考了很多次才通過？」他驚訝地看著我，不敢相信我竟然說中了他脆弱的心靈，坦承他的確努力很久才通過，過程中自信心已受到嚴重打擊，每次失敗就更認定自己能力不足，講起話來變得小聲而緊繃。

其實他有一雙堅定的眼神，知道自己想要追求什麼，也願意付出努力。但顯然課業的壓力讓他相當緊繃，牙根咬得很緊，講話時不太張口，音量自然大不起來，聽的人也會聯想，你肯定是對自己沒自信，或是有什麼難言之隱，才無法以正常音量溝通，信任度自然就下降了。

我後來開了「鬆開上下顎」這樣的聲音藥單協助祐承。

在嘴中蓋一個音樂廳

你有沒有想過，大聲公為什麼可以幫助我們擴音？要對遠方的人大聲喊話時，為什麼我們會用手在嘴巴兩側做出一個環形空間？答案是，聲音需要一個很大的「共鳴腔」。

聲音共振的原理是，氣通過聲帶震動發出基礎音，基礎音其實聲量不大，大概就只有說話者本人能夠聽到，所以聲音要再透過氣管、支氣管往下，到胸腔、往上到喉腔、口腔、鼻腔、頭腔等空間，擴大我們的聲音，讓外界可以聽到，就像大聲公有個大大的共振筒，或是聲音裝入可以擴大的音箱一樣。

所以講話的音量要夠大，除了氣本身要足之外，口腔的空間大小也是關鍵。許多講話太小聲的人，往往只是嘴巴張得不夠開，話語被擠扁在嘴巴裡，導致旁人無法聽見他說的話。

讓嘴巴張開，關鍵在鬆開上下顎，而不是橫向把嘴拉開。我們可以想像在口中蓋一個音樂廳，夠高大寬廣的空間，才可以讓音樂在裡頭迴盪；同樣地，夠大的口腔空間，才能讓我們的聲音產生迴響。

聲音藥單：鬆開上下顎

要鬆開上下顎，我們可以做下面三種練習：

一、按摩腮幫子的肌肉：

示範影片

把手放在耳根與脖子連結的腮幫子處，這裡有一塊凸出的骨頭，就是我們的下頷骨。當你把嘴巴張開時，會感覺這塊骨頭向內並向上拉開，放鬆周圍的肌肉，可以幫助嘴巴打開更輕鬆。

請將雙手握拳後，將手掌那一面貼著腮幫子畫圓，再將指關節抵著臉頰，向內按摩上下顎中間的臉部肌肉。如果按摩時感覺臉部痠痛，就表示平常可能過於緊繃，或牙根咬得太緊囉！

二、以手指撐開口腔空間：

嘴巴要張開多少才足夠？你可以用食指和中指為測量標準，把兩根手指頭伸進嘴巴，讓口腔內部的上下顎打開到不會碰到手指的大小，透過這個方法來了解內嘴究竟要開到什麼程度。熟悉這個大小，並在說話時盡量打開上下顎，才有足夠的空間讓聲音在裡頭迴盪。

三、打哈欠：

其實打哈欠時的嘴型，就是最適合我們練習的。每天早上起床，我們可以先打十個哈欠，把上下顎的肌肉全部鬆開，就像獅子張開大口那樣，放鬆周圍肌肉，讓張口說話變得更輕鬆容易。

後來祐承的課程只進行了兩次，因為他想改變的決心很大，所以當我一點出問題所在，並且教給他幾個練習方法後，他立刻就有明顯的改變，說話時能自然地張開嘴巴，把話好好地說出來，整個臉部的肌肉線條也比之前放鬆，終於讓他天生的聰穎氣質能自然流露，而不是一尊緊繃的嚴肅鬼了。

顳顎關節的鬆緊度，反映了內在情緒的緊繃度

其實多年來我在課堂上觀察到，很多藝人與企業家因為自我要求高，不知不覺太過緊繃，長年累積造成了顳顎關節發炎。

曾經有一位住在德國的太太，趁著返台期間來到我的課堂，就是一個壓力過大造成顳顎關節發炎的例子。她總是咬緊著牙根，甚至有點咬牙切齒地在說話。她年紀輕輕但臉上卻略顯疲倦，一開始就告訴我：「老師，我想學習怎麼罵孩子而不會喘，大聲吼叫不會累，一聲令下就能讓他乖乖聽話！」我聽了差點笑翻，哪來這麼可愛的媽媽呀！這麼直白的需求，我還是第一次聽到呢！

不過當我再深入了解她的生活狀態後，才知道剛移民到德國三年的她，身旁沒有熟悉的親友，又要自己照顧一對年幼的雙胞胎兒子，身心俱疲。丈夫獨自在台灣賺錢養家，她一個人面對所有的育兒和家務事簡直快崩潰。以為只要自己夠大聲，

讓孩子立刻聽話，就能減去自己的焦躁。

每次遇見這樣的學員，我都會為他們感到心疼，他們看似焦慮躁進，有時會逼得身旁人也不舒服，其實是因為他們也沒有留給自己餘裕，忘了給自己空間。向外大聲叫孩子快一點的聲音，真正想表達的是孤立無援的求救，以及無能為力的沮喪。

我告訴她，她的狀況其實不只是聲音運用，同時需要學習釋放自己的壓力，在育兒的繁忙之中找到放鬆的空檔。我鼓勵她在人生地不熟的德國，試著加入社區的教會、社團、華人聚會等，重新認識一群能互相支持的朋友，在心靈上多一份力量，不要讓自己的壓力太大。必要時請保姆來協助，不要一個人承擔所有的壓力，才是真正的解決之道。

另外也提醒她，自己帶孩子時的習慣用語，是不是因為太忙太累，反而用了比較激烈甚至威脅式的語言在教育孩子，在不知不覺中將疲憊、怨懟都投射給了孩子。

回到德國後，她開始調整原有的生活方式，留給自己更多的時間，去認識新朋友，開發自己的興趣，真的越來越輕鬆快樂。原以為大聲吼叫才是解決辦法的她，面對孩子時也更有耐心，輕聲說話就能讓孩子聽話了。

所以，顳顎關節、下巴的鬆緊度其實也與我們內在情緒的緊繃度息息相關。你現在的聲音如何呢？說話時有哪裡特別緊繃嗎？如果有，那或許你的內在情緒想傳達一些訊息給你。所以，當我們想著要如何更加靈活地操控下巴肌肉時，也別忘了，找出真正內心的癥結點，才是長久的良方。

為什麼我的聲音容易累、容易啞？

——鬆開脖子與喉頭上的死結，不做縮頭龜和朝天鴨

除了聲帶的不當使用會造成沙啞外，無法順利發出聲音的人，常常也是因為喉嚨周圍，與肩頸的肌肉太緊繃，像打上了一個深深的結。

我曾在某次逛夜市時，遠遠聽到賣杏鮑菇的攤販用大聲公喊著：「來喔！來喔！好吃的杏鮑菇！」通常這樣的叫賣聲，語句應該要宏亮而輕快，但那天店家發出的聲音，卻是低沉、滄桑，甚至有些痛苦哽咽的，我原本以為攤主應該是歷盡風霜的老婦人，抬頭一看，發現竟是才三十多歲的中年女性，面容憔悴，雙眼無神地坐在位置上。

為什麼年紀輕輕的她，聲音卻如此蒼老呢？我猜想她的生活中應該有許多不如

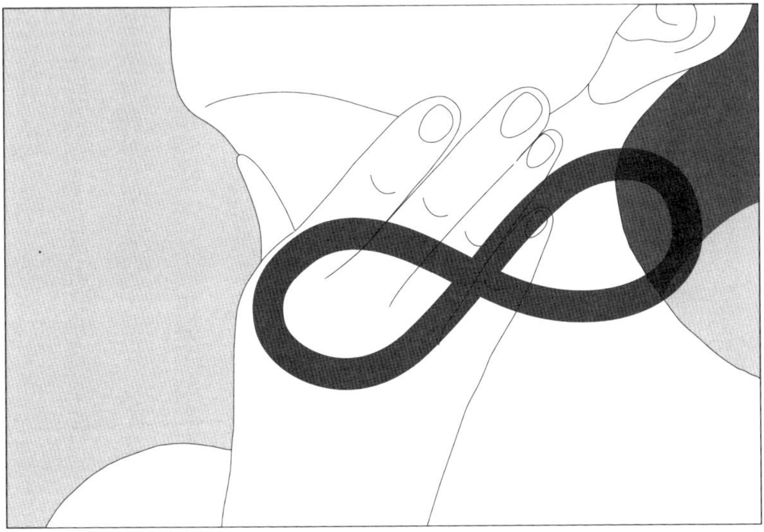

意，過得並不快樂，才會發出如此悲戚的聲音；不過這樣的吆喝無法引起客人購買的慾望，反而可能讓客人遠離，覺得：「她賣的杏鮑菇應該不好吃。」生意沒有起色，她肯定會更加灰心，整個人往更黑暗的深淵沉下去。

杏鮑菇攤販的聲音之所以如此沙啞，是因為她為了要讓自己的叫賣更大聲、傳得更遠，便無意識地把脖子往下壓，沒想到，喉嚨因此就像是被打了一個結一樣，聲音反倒完全被鎖在裡面。聲音越是發不出來，她就越把脖子肌肉拉緊，長時間下來，喉嚨承受不住巨大的壓力，就沙啞了。

其實聲音沙啞或卡卡的，很多時候跟聲帶的角度有關。現代人工作壓力大，每天緊盯著電腦，不知不覺脖子容易往前拉。低著頭看手機時，也壓著脖子，肩膀總是無意識地聳起。再加上許多人都有長期駝背的習慣，鬆弛的背部肌肉無法支撐整個身體挺起來，反而擠壓到了肺部。種種的姿勢不正確，讓整條發聲的管道變得歪歪斜斜的，氣當然就無法順利上來，發出來的聲音就相當壓抑，甚至沙啞。

過度追求完美，曾讓我的聲帶受傷

十八歲的我，也曾將喉嚨鎖上了結。因為曾經對自己期望太高、求好心切、練習過多，使得聲帶受傷。

我從小就熱愛唱歌與彈琴，總能開心自在地邊彈邊唱，享受在音樂單純的樂趣中。高三要考大學時，三百六十五天都只有考試這個目標，心裡真的好苦悶，我不知道讀這些書要做什麼？於是我拿起筆，在白色牆壁上寫下了我的志願：我要當聲樂家。

經過一番努力，我終於考上音樂系，沒想到卻是壓力更大的開始。我收藏了許多世界名家的CD，聽著歌劇《杜蘭朵》，模仿柳兒的聲線，卻越聽越覺得自己的差距好大。於是幻想自己是夜后，胡亂發明方法猛練，每天早上對著操場吊嗓子，不管自己的聲帶有沒有成熟，就跟著唱分量重的戲劇女高音曲目。我成為了典型太認真追求夢想，而扼殺了自己的聲樂學生。

為了保護喉嚨，我幾乎不太說話，甚至跟朋友溝通都用寫字的方式。沒想到因為過度緊繃，我常常用扯緊的脖子和聳肩的方式唱歌，沒過多久，我的聲帶竟然長繭了！

得知長繭的那一刻，我大受打擊，懊惱為什麼這麼努力保養，喉嚨還是生病了。聲音是我最珍貴的擁有，如果失去了它，我以後該怎麼辦？於是我拚命地看醫生吃藥，大量的類固醇讓我長出了犀牛肩，但急於康復的我，又給了自己更大壓力。就這樣，我的聲帶打了結，大學四年都是在這樣的狀態下度過。

畢業後，我終於認清這是一場困獸之鬥，好像上帝把門窗都關了起來，自己越用力，祂就關得越緊。經過各種嘗試後，我灰心地放下了這個夢想。與此同時我開始思考，祂是否開了其他門給我呢？

恰巧，從維也納回來的林秋孜老師告訴我，其實國外有一種職業叫做「聲音詮釋指導」（vocal coach），工作是協助聲樂家、歌手、演員等藝術家，更了解自己的聲音，塑造不同角色的聲音，幫助他們擁有更好的演出。我終於看到自己在聲樂這條路上的另一個可能，於是我到美國學習深造，一步一步走到了今天，成功地協助無數表演者擁有更美好的聲音表現。

除了訓練陪伴專業歌手的歌唱演出外，這幾年我也開始做聲音工作坊，讓一般的民眾也能參與學習，過程中我看見許多努力尋找自我價值，卻總是緊繃著在與現實世界搏鬥的人們，就像過去的我，將自己的喉輪打了結、上了鎖，無法自在快樂地說話。陪著大家一起練習改變的過程裡，帶著學員，看見每面鏡子映照出的自己，我發現我也漸漸鬆開了喉嚨上的結，懂得更放鬆與接納自我。

聲帶上長年的繭終於消散了。我找回了當年那個奔放自由的自己，與我珍愛、美好的聲音。

聲音藥單：放鬆脖子，不要做縮頭龜和朝天鴨

示範影片

一、先按摩脖子周圍肌肉：

用指腹放在脖子兩側，以畫圓的方式慢慢放鬆周圍肌肉，再捏一捏脖子後方，前後都放鬆。

二、深呼吸左右轉脖子：

先低下頭，深呼吸後開始輕輕左右轉動頭部，一邊呼吸一邊感覺空氣被吸進脖子的肌肉，幫助把緊繃的地方鬆開。循序漸進地邊呼吸邊將兩側肌肉拉開，接著再慢慢把轉動的幅度加大。這個動作也能幫助我們放鬆脖子後側的肌肉，是一個很好

的練習。

三、讓脖子回到正位：

請先觀察一下，你平常比較習慣壓著脖子，像是縮頭烏龜，還是拉長著脖子，像是鴨子那樣？這兩者的脖子都不在正確位置，脖子應該要和脊椎呈一直線，請你靠著牆壁站，將背部與頭部都貼在牆上，這就是脖子應該要在的正確位置。你可以每天這樣站五分鐘，每天三次，讓脖子回到正位。

四、放鬆肩頸：

許多人肩頸後方的斜方肌，都過度緊繃，下意識經常聳起肩，聲音不知不覺也鎖緊了起來。

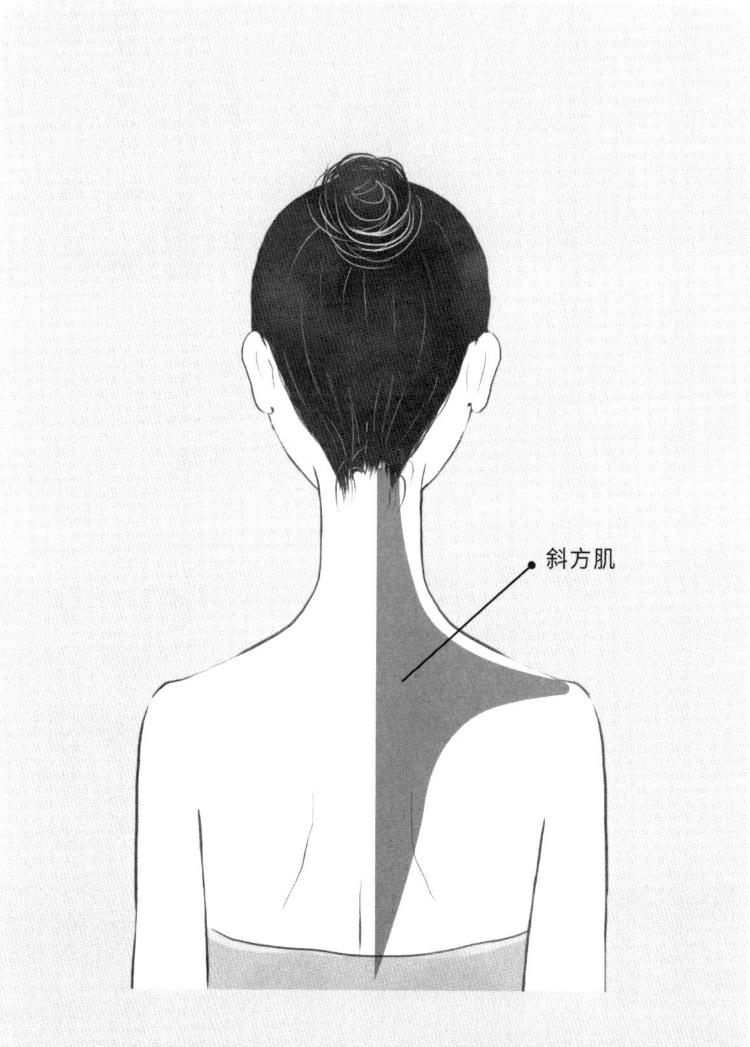
斜方肌

練習除去後肩頸的壓力，請站起來，讓雙腳與肩膀同寬，注意腳板平行不要外八或內八。接著深呼吸將臀部夾緊，腹部收縮，將後腰往內收而不要往上翹。然後將雙臂抬起打開，與肩膀平行，手掌心朝上，慢慢往脖子的方向夾緊，直到貼住耳朵兩側，雙手再慢慢回復到與肩膀平行的位置，來回重複十次。

這個動作能幫助後肩頸的延伸肌肉放鬆，注意動作時不要聳肩，才能達到放鬆的效果。

五、訓練丹田與核心肌群：

我們平常聽到的，講話用喉嚨，是指用脖子周遭的力量說話，導致說話時氣息流量不穩定，衝撞到聲帶，造成它容易耗損、發炎。因此要練習從「丹田」發聲。丹田其實就是指核心肌群，它是支撐身體力量的重要部位，也是說話時提供我們穩定氣息的地方。因此訓練核心肌群，才有助於控制氣流密集集中通過聲帶，讓兩片聲帶平均、穩定地震動。

六、穩定的氣流：

當你可以用核心肌群、腹部力量穩定氣流後，我們就要練習將母音拉長。將ㄚ、ㄧ、ㄨ、ㄛ、ㄝ。五個母音單獨以長音發聲，同時要注意將「聲音捧起來」，也就是運氣要長，將聲音向遠方傳送，完整地送到對方的耳朵。

所以想要讓聲帶正確地運作，千萬別忘記姿勢的重要。不要讓身體妨礙了聲音，而是讓它成為聲帶的正確助力。讓整條管線暢通，聲音才能夠又大聲又宏亮。

聲音就像一對翅膀，能載著我們的意念與情感，飛到很遠的地方，讓我們一起鬆開喉頭上的結，讓翅膀自由翱翔吧！

為什麼我的氣特別虛弱？
——氣若游絲與氣宇軒昂的關鍵差別

自古以來，當我們形容一個人的精神，我們會提到「氣」，譬如說：「我今天感覺神清氣爽！」「這個人氣宇軒昂，事情交給他，格局一定不一樣。」「他說話氣若游絲，講什麼我都聽不見。」

氣雖然看不見，但你有想過，氣其實會影響聲音的狀態嗎？

氣可以顯示聲音的密度，例如：飽滿／虛弱。

氣衝到嘴巴有不同速度，例如：氣衝／氣散。

氣可以在不同的位置，像是：心浮氣躁／氣穩如山。

氣也可以有時間感，比如：屏氣凝神／一氣呵成。

所以聲音和氣息，真的有著密不可分的關係，說話是透過空氣震動聲帶產生，氣的長短、虛實、位置，都會影響我們發出的聲音長什麼樣子。

透過氣塑造角色：《渭水春風》

我曾經擔任台灣音樂劇《渭水春風》的歌唱指導。男主角是日治時代著名的人物蔣渭水。在當年，人民的知識水平、文化素質都不如現在普及，作為一名高知識分子的蔣渭水，除了長年行醫外，也教窮人念書寫字。被他看過的病人，不僅身體的病痛消失了，就連心的傷痛也被撫平，他們從蔣渭水身上獲得了繼續活下去的「生」的希望。

愛國的他帶領一幫熱血青年，做出了一系列行動，積極向日本爭取台灣民主。這些行為當然觸怒了日本政府，將他視為眼中釘，企圖孤立他的經濟資源，分化他的同伴。於是他的事業逐漸開始走下坡，最後鬱鬱不得志，死於傷寒。

我們找到了台灣三屆金曲歌王殷正洋，出演這個角色。他本身就是高亢陽剛的男高音，形象十分符合早年意氣風發的蔣渭水。但導演想要強調出他一生經歷過的跌宕起伏，所造成的差異，所以對於男主角的聲音有著兩極化的要求：一個是要熱血英雄的聲音，而另一個則是要壓抑、飽含病痛的聲音。

對殷正洋而言，高亢正直、揮灑青春的聲音很容易的，但要如何呈現受日本人刁難而身心俱疲的聲音，我們一起研究了許久。

有一次去醫院探望長輩時，我藉機觀察了坐著輪椅，或是排隊掛號的病人。我發現，他們因為疼痛卡在身體裡面無法舒展，所以都呈現頭部微低，胸口不自覺傾斜內縮的姿態，他們講話時，氣息也跟著散掉了。

因為身體姿勢不正確，他們的聲音無法開展，也因為氣散開了，所以講幾句話就非常疲憊。

我決定將這個經驗套用在演出上。在音樂劇要結束之前，最後一首歌，男主角高亢地唱著他未完的志向，從吶喊慢慢轉沮喪，走路踉蹌，腳軟失去重心，依靠到太太的身上，小小聲地說出最後的愛。就像我看到臨死的病人一樣，倒地垂胸，疊字、斷氣，最後離開人間。現場的觀眾都跟著啜泣，那是很美的一段聲音演出。

後來當我協助舞台劇演員做聲音訓練時，常常藉由氣息調整，找出一個角色最適合的聲音與狀態，例如：猥瑣的人的氣是低迷的，就像一灘軟爛的泥巴；千金小姐的氣是輕柔的，像飄在天上的雲；俠士的氣是飽滿的，像一棵強壯的大樹；精神病患者的氣則是混亂的，時常歇斯底里。

當演員不知道怎麼塑造角色特點時，只要請他們調整氣息的運用方式，就能馬上抓到角色的精髓。

氣息在說話時扮演一個重要的角色，而氣息來自於姿勢，唯有正確的姿勢，才能讓我們擁有更加健康的身體與聲音。

聲音藥單：調整運氣，從姿勢做起

現代人壓力大，常常忘記深呼吸，氣只淺淺地吸到喉嚨，總感覺自己吸不到氣，壓迫肩頸、喉部的角度，胸口是張開或是擁擠下垂都會影響說話。

一、撐起胸口，展現自信的珠寶台

很多人因為駝背，或是長期低頭滑手機的習慣，導致胸口扁塌。我都稱胸口這塊叫「珠寶台」，也就是掛項鍊的地方。如果你想要看起來是個有自信、有說服力的人，那麼你必須挺直你的脊椎骨，將胸骨微微往上抬，就像是戴了漂亮的珠寶，展示給大家看，這就叫「打開珠寶台」。

二、扎穩地面，好好站立

站立時，雙腳與肩膀同寬，或是站三七步，也可一前一後。肩頸放鬆，腳掌如樹根一樣穩穩往下扎入，有如立樁。

三、注意坐姿與是否拉脖子

坐著參加視訊會議時，很多人為了要碰觸到桌子前緣的麥克風，不經意間拉長了脖子，導致胸口不再撐開，氣息變短淺，喉嚨被往前拉，所以聲音也變扁了。

另外，很多人坐在椅子上雙腳會交叉，腳後跟離開地面，僅剩腳尖踮著地板，聲音因此失去身體的核心支撐，聽起來變得更高、更尖、更緊張。切記要將椅子靠前，脖子跟胸口角度回到身體的正中央，說話送氣時兩腳掌要平穩地踩著地面，讓地面支撐身體。

四、平均分配氣，把氣延續到最後

示範音檔

深呼吸將氣吸到腹腔後，說出數字「一、二、三、四、五、六、七、八……」每次唸到十五為一組，中途不要憋氣也不要刻意用力，練習平均分配每個字的氣息，把氣延續到最後一個字，如果感覺快沒氣了，就把胸口微微擴張，換氣時讓氣自動充足進來。

要注意，很多人唸到句尾時就會「氣衰」，認為快要講完了就鬆懈，記得把自己的胸挺起來，一路支撐自己到把話真正地「講完」。

五、句子中間留有換氣的空間

句子與句子之間要稍作停頓，給自己換氣的空間。其實，人體是一個精巧的機器，當肺外面的氣壓少於大氣壓力，橫膈膜一放鬆，氣息會自動進入肺中，所以不用費力而刻意地換氣、吸氣，要相信身體自行的運作能力。

擁有正確的身體姿勢，我們才能夠隨時讓自己的氣管暢通，順暢地說話。接下來，我們就可以進入下一章，教大家如何正確運氣練習囉！

為什麼我的氣特別短？

——把空氣當金幣，飽滿吸入身體吧

你有留心過自己的呼吸嗎？在句子與句子之間，你的呼吸是否過於急促呢？還是，總是找不到換氣的時機，沒講幾句話，就開始喘了呢？又或者，你總是三兩個字就把氣用光，後半句都只好憋著氣把話講完？

在工作坊，我常常遇到一種學員，個性急躁、講話飛速、滔滔不絕，講到後面還會上氣不接下氣，句子的結尾總是虛弱地結束，彷彿一條直線往下墜落。聽他們講話往往也會跟著緊張起來，心情隨著他們起起伏伏，不自覺地自己的呼吸也亂了步調。我總是擔心他們會不會下一秒就喘不過氣、口吐白沫。

戒慎恐懼，卻忘了呼吸

很多人一生總是賣力地往前奔馳，擁有了很多的成就，卻忘了基本的呼吸。

當我要去工作坊演講時，通常會提早十五分鐘到場檢視器材、座位場地等事前準備。有一期課程中，每次進教室就發現，淑薇已經在位子上坐好了。她總是身著莫蘭迪色系的衣服，沉穩的藍、綠色中帶著些許的灰，低調精緻的名牌耳環與手飾，讓她看起來有著恰到好處的貴氣，又不過於奢華。她姿態端莊，神情優雅，像極了一位從民國初年穿梭到現代的古典佳人。

課堂中，我請學員們站起來一起運用丹田進行運氣。在做吸氣、吐氣的腹式呼吸法練習時，淑薇的氣卡在胸口，不懂要如何將氣灌到腹部，無論怎麼嘗試都無法正確吸氣。更有趣的是，這樣的狀態下，她竟然還可以憋氣超過四、五十秒，甚至一分鐘，就像一個專業的潛水員。當她突然發現自己一直無法順利地像別人一樣大口吸氣，淑薇終於哭了出來，意識到她的憋氣人生。

從淑薇的口條與發音中，可以聽出來她受過良好的教育，細問之下，才知道原來她是一位企業家，常常需要坐飛機飛往世界各地開會，面對排山倒海的工作量，其實身心早已超出負荷。具有強烈自我要求的她，就連「形象管理」也是非常重要的經營策略之一，絲毫不得馬虎。

其實很多事業非常成功的人士都跟淑薇一樣，呼吸都會過淺，為了在各方面都能夠滴水不漏，他們習慣戒慎恐懼，久而久之就形成了憋著氣做事的習慣，直到事情結束才會放鬆。然而，事情總是沒有做完的一天，每件事情都要求自己「使命必達」，就會忘了呼吸，使橫膈膜周遭的肌肉失去彈性，造成了健康隱憂。

許多人說話容易「憋氣」，說一句很長的話就容易忘記換氣，硬撐著講完後才想起要呼吸。請記得，要為句子找頓點，沒氣了就換氣呼吸，不要講到最後面紅耳赤，快要窒息的樣子，聽的人都為你緊張呀！

呼吸，乍聽之下是只為了活著的生理行為。但一個簡單的呼吸，就可以知道我們是否有適時放慢腳步，好好地關心過自己。

聲音藥單：正確的呼吸，讓自己氣息飽滿地說話

示範影片

上一章我們已經學會如何調整姿勢，接下來，讓我們來一起感受橫隔膜周遭肌肉是如何支撐肺部，讓氣能夠穩定送出。吸氣時，量不用多，重點是平均穩定，然後綿長地送氣。

我給大家以下幾種簡單的方法，輕鬆地把氣練長，邊說話邊運氣，可以有效節省氣流，又可以讓自己的聲音聽起來順暢飽滿。

一、彎腰感受腹部吸入氣的擴張

兩腳與肩同寬站立後，低下頭彎腰慢慢呼吸，雙手在腹部感受腹腔吸氣時微微擴張的感覺，確認空氣被吸到腹部，一樣不要馬上吐氣，將氣提住二～三秒再放鬆。

記住這個腹部擴張的感覺，表示氣有被正確吸入腹部。

二、平均運氣

深呼吸將氣吸到腹腔後，用「嘶」的聲音吐氣，並在腦海中算秒數：「一、二、三、四、五、六、七、八」，練習平均分配每個字的氣息，把氣延續到最後一個字，如果感覺快沒氣了，就把胸口微微擴張，讓氣自動充足進來。

第一次後再加強練習程度，第二次從八數到十、十二、十四……依此類推到二十四，慢慢把氣練長。

三、換氣練習

呼吸是一件自然的事，吸氣時我們的胸腔擴張，橫膈膜下降，當胸腔壓力小過於外界空氣壓力時，氣體自動由外界進入；吐氣時則相反，胸腔縮小，橫膈膜上升，當胸腔壓力大過於外界空氣壓力時，氣體就從內部呼出去。

找回這種自然的身體反應，你可以像聖誕老公公一樣，吸足了氣後連續發出幾聲：「ho、ho、ho」的聲音，感受胸腔一瞬間自動充氣，不用刻意去控制，讓身體的本能機制運作即可，講話時的換氣就該如此自然。

我曾遇過幾位學員，做了以上的練習後，還是不知道怎麼把氣吸好吸滿，這時我就會告訴他們一個比喻：「想像土地公要來送你金幣，你的家有多大，裝得下多少金幣，他就會送你多少。氣就像是金幣，喉嚨就是玄關，腹腔就像是我們的客廳，你想要裝下很多很多的錢，就要好好讓腹部空間被撐起來，把氣全部吸進去。」通常這樣一說，大家就瞬間都懂了，呼吸變得暢通無比呢！

其實只要把氣吸足，能量就會飽滿，財運自然就會亨通，而且因為你有力量好好處理工作、發揮才能，身邊的人也會喜歡與你相處，你的正面能量得以感染他人。所以就讓我們一起把氣息好吸好吸滿，穩穩吐出體外，做個富足豐盛的人吧！

聲帶的日常保養方法

——別讓聲帶像風乾臘肉

在聲音工作坊的學員中，常常見到的一個族群是企業講師。他們的工作常需要飛到各地進行演講，主辦單位通常會將行程安排得十分緊湊，從早上十點到晚上十點，不間斷地在各個場地來回演講，而且一連好幾天，接著換到別的城市，像巡迴演唱會一樣幾周、幾個月都無法休息。面對這樣從早講到晚的行程，導致他們的聲帶早就處於極度疲憊的狀態了，來上課時，聲音早已非常沙啞。

每次看到台下的人舉手問：「老師，我的喉嚨沙啞，怎麼辦？」都讓我想起求學時，每天吞蛋白養聲，吃消炎藥、中藥、練氣功、看遍耳鼻喉科，忙碌卻不得要領的自己。

喉糖不是仙丹，改變習慣才能愛護聲帶

麗華是企業老闆，因為個人興趣與智慧，她出了幾本書，成為了講師在各地演講。

由於喉嚨長年不當使用，來上課時，她的聲帶已經損傷到閉合不全，只能發出微弱的氣音。她的音高極高，很像是《小婦人》裡面的姑媽一樣。從她的聲音裡我可以聽出她有種浪漫的特質，六十歲了，她本該退休，好好過著悠哉又自在的生活，但她卻不選擇休息，一直不停地賣命工作。那種壓迫感使她的聲音像是進到濃霧一般，覺得喘不過氣，卻又散不開，常常聽不到她在說什麼。

她不懂得要放鬆自己，在課堂上總是緊繃著肩頸，也因此沒辦法正確改善聲音。下課時，她也靜不下來，每每跑來向我詢問，要吃什麼樣的喉糖才能舒緩喉嚨症狀？好像只要得到了藥方，就是她來上這堂課的最大收穫，但她沒有意識到，喉糖並不能根除症狀。

我告訴她，就像很多事一樣，要治療喉嚨是沒有捷徑可走的。如果不願意花時間好好面對問題，妥善地愛護它，那麼吃再多的喉糖，依然不會好轉。

聲音藥單：聲帶的日常保養

聲帶是什麼呢？它們是長在喉嚨處兩片對稱的膜狀結構，說話時氣息通過震動，就會產生我們聽見的聲音。

聲帶的表面充滿黏液，水分是滋潤聲帶的關鍵，長期間講話時如果氣息過強，一直衝撞聲帶，又忘記補充水分，就會像「風乾臘肉」一樣，讓聲帶失去水分。久而久之，開始發炎、變腫再長繭，就會造成聲帶閉合不完全，兩邊的用力不平均，音高也會變低。

為了保護辛苦的聲帶，我們平常可以這樣保養：

一、適時補充水分

你有注意到演講者或是歌手，靠近舞台的桌子一定有一杯水嗎？補充水分可以讓聲帶，不會講到一半就開始搔癢跟乾咳。

說話的空檔一定要喝水，最多相隔五十分鐘到一小時就要補充水分，喝的時候切記不要太冰，太冰會使血液循環不好，在大聲或是高音時，聲帶會變得比較遲緩。

水的溫度也不要太熱，容易燙傷，一口一口含著喝，讓蒸氣潤澤喉嚨。

通常講課後，我還會含一個小小的酸梅乾，讓嘴巴自動生出口水，舒緩喉部的乾燥。

二、如果有痰不要慌，用熱水蒸氣緩解

有一些講者上台沒多久，你就會聽見他一直在清喉嚨，那就是「痰」出現了。

但大家要知道，有時小小微量的出痰，是一種保護機制，因為一下子用力講話，聲帶覺得受到危險，就會生出痰，就像為聲帶穿上一件衣服。

有痰的時候不要用力地咳，會傷到聲帶。你可以喝一小口溫水，分幾次緩緩吞

下，就會舒緩痰，對聲帶會比較有幫助。

如果是感冒的出痰，除了要找醫生外，也可以吸蒸氣，請人拍背，讓痰出來。

三、注意空氣中的乾濕度

歌劇的歌手會非常注意冷氣跟暖氣，冷氣跟暖氣都會讓聲音變乾，所以他們睡覺時會在床頭放一盆水，保持空氣中的濕度。

台灣的天氣普遍而言比較潮濕，所以不會過度乾燥的問題，但如果待在冷氣房裡，你就可以注意乾濕度，過於乾燥時，可以在上台前吞一小口蜂蜜，潤澤喉嚨。

四、大量演講前多補充蛋白質

我以前的唱歌老師，都鼓勵我在演出前一晚吃牛排，因為牛肉可以增加鐵質、蛋白質，幫助身體肌肉、運作能量上的加強。但因為牛肉不好消化，所以要前一晚吃。

吃素的人可以喝豆漿多添加蛋白質，或是學大力水手卜派多吃菠菜，都是很好的體力來源。

五、保持充足睡眠

其實吃多少仙丹，都比不上充足的睡眠和水分。

睡眠充足時，聲帶會自動消腫，睡眠不充足時，聲帶比較容易乾而發炎。所以飽足的睡眠，會啟動自動身體的細胞修復，讓聲帶恢復自動的彈力。

六、正確使用聲帶

身體的姿勢，有意識的運氣，才是最根本的方法，請大家參考其他章節的解說。

其他可能造成聲帶問題的因素

一、食物

其實食物也會影響到聲帶的運作。有些人在吃甜食或炸物會生痰，有些人吃辣、炸、花生醬、麻油等重油重鹹的食物會上火。但由於狀況因人而異，因此各位在保養聲帶之餘，也請多多嘗試，哪些食物會使你生痰，哪些食物會上火。在一些重要表演之前注意飲食，避免讓聲帶有過多負擔。

二、胃食道逆流

如果發現，上述問題都沒有辦法解決聲帶沙啞，也可請大家觀察自己是否有胃食道逆流的症狀，胃酸有時候會觸及到喉嚨，也會導致聲帶沙啞。如果有相關狀況，記得尋求專業醫師的協助。

其實，做了許多聲帶的保養，正確使用聲帶的觀念還是最重要的。提醒大家時刻注意姿勢、脖子角度都正確，並且在講話前做好確實的暖身，才能夠長久地保護自己的聲音。

PART

2

為聲音化妝，
變成你要的角色

人的聲音有各種表情
——你的聲音能緊抓聽眾的心嗎？

你有想過在面對不同的人時，自己的聲音會有什麼樣的變化嗎？是興奮、生氣、傷心？還是性感撩人、欲拒還迎、意興闌珊？每個人在遇到不同人，不同狀況跟氣氛時，都會不知不覺地展現很多不同的聲音表情。

曾經有一位學員說，兒子從她講電話的語氣，就能聽得出來她是在跟婆婆還是自己的媽媽講話——她對婆婆總是較為客氣，不敢造次，語調平和柔軟，句尾會微微拉長，帶有一點侍奉的意味；對媽媽則是直接低八度，一點修飾都沒有，極度擺爛，話語直白噴發。

這就是聲音的神奇，字詞之外的訊息，都透過語調和表情一起傳遞出去了，也可以說聲音是很誠實的，表達了我們的心情。

大腦自動下令，呈現聲音表情變化

聲音之所以會有各種表情，是因為大腦語言區會自動下令，在我們開心或是生氣的時候，面部的肌肉、身體姿勢、站姿、舌頭嘴唇等構造，都會有很精細的改變，形成不同音高、重音、咬字、線條等不同，呈現我們的情緒。

例如開心時，我們一微笑，人中就上提，唇齒咬字變得清晰，臉頰上提時，共鳴就會靠近眼睛周圍的蝶竇腔，使得高音的音頻居多，聲音聽起來也較甜美。

傷心的時候，我們的嘴角會僵住不動，或是無力垂下，面部表情凝滯收縮，使得聲音變得嗚咽，沒有力氣說話，只能發出嗚嗚嗚的低鳴。

若是生氣的狀況，嘴角會緊縮往下，唇齒則選擇性清晰或模糊，面部表情僵硬，聲音的音調線條也是往下，想罵人時氣息重而往外噴，身體的重心沉重，腳步變重而快，或是重而慢。

想要控制或命令人的時候，眼睛會撐大而銳利，唇齒變得清晰伶俐，放慢語句以強調重點，並且在結尾時用力往下壓。

聲音與生俱來就有不同的表情，正常而言，這些都是我們無須經過思考，情緒上來時身體就會呈現的自然反應。但不知道大家有沒有遇過，必須掩飾著自己真正的情緒的時候呢？

假設自己跟朋友喜歡上同一個對象，必須把感情隱藏起來不被發現；又或是面對討人厭的客戶，卻還要貼心、微笑著替他們服務；每逢過年回家，需要面對大批親戚的「問卷調查」：成績好不好啊？工作怎麼樣了？什麼時候結婚啊？孩子什麼時候上小學啊？……等等。

面對著排山倒海的問題，我們總要想個辦法，控制自己的臉部表情，情緒還有聲線也要做到位，才能順利地化解危機與尷尬吧？

從平面到立體，想像聲音的各種質地

每個人在不同場合，為了情境需要，免不了要調整、修飾、壓抑、掩飾，或必須過度做出情緒，刻意做出聲音表情上的變化。對於演員來說尤其如此，演出與自身年紀不符，或是生命經驗不同的角色，更是一大挑戰。

我曾擔任過「音樂時代劇場」音樂劇《世紀回眸・宋美齡》的聲音詮釋指導。這齣劇描述了宋美齡的一生，全篇以許多首歌曲串連起來，涵蓋她在就讀衛斯理學院的少女時期，一路到年老在紐約病逝。

女主角宋美齡由我的好友洪瑞襄飾演。當時年紀三十的她，卻需要一個人飾演宋美齡從年輕到老的全部樣貌，因此我們花費了很多心思研究，要如何為宋美齡的每一個人生階段編織出聲音質地上的差異。

當她還很年輕，剛遇見蔣介石時羞澀又有點甜美，是少女般的聲音；西安事變時，為了拯救丈夫，她日漸成熟，字裡行間透露出堅定的聲音；而二戰在美國發表的「國會演說」，句句展現出宋美齡的氣魄、穩重；待年老後在紐約安享晚年，又要變成放下了重擔後那低沉，帶著些微沙啞，安穩又平靜的聲線。

瑞襄十分敬業且誠懇地，試圖將每個階段的宋美齡都詮釋得非常到位。為了像是一位真的美國華僑，她在自己不擅長的英文上下足了功夫，最後終於練成了標準道地的英文，在演出國會演講時散發出具有感染力又震撼人心的聲音。

我還記得在某一次演出，觀眾席最後一排坐著幾個老兵，最後一幕，櫻花雨下，當宋美齡搖了搖手帕，老兵們好似分不清楚台上的人究竟是不是宋美齡，竟然對著台上哭喊道：「夫人，您不能不要我們，您要帶我們回家啊！」那瞬間，瑞襄透過聲音帶領這群老兵們跨越了時空，成為了宋美齡的化身。

透過聲音裡的不同表情，將一個人的一生演出轉折變化，也讓台下的觀眾，跟著女主角的身世一同悲喜，感嘆垂淚。

你很難想像，原來聲音中蘊含的表情有如此大的魔力。在這個異想世界，你會發現自己多樣豐富的聲音表情，就讓我們一起探索前所未見的你，把聲音中如彩虹般美麗動人的絢爛找出來吧！

為什麼我的聲音聽起來很凶？

——直線或曲線，決定聲音的命令、平和、友善

上一章我們提到過，人的大腦是會根據情緒，自動產生出不同的聲音表情。不知道大家有沒有遇過這樣的時候，自己說出來的話沒有辦法很好地傳達情緒，導致他人的誤會？

有些人講話線條很直，因為音調、音色都很單一，就像是呆板的直線一樣，所以往往給人一種無趣的印象，有時音量稍稍大一點，甚至感覺在對人下命令，或是斥責。

其實，說話沒有表情，沒有語調變化，是某種固執的體現。仲毅就是這樣一個大學教授，滿肚子學問，喜歡跟書做朋友，比較不會跟人溝通，學生有問題的時

候，他只會用一種方法解答，學生如果臉上出現疑惑的表情，他完全無法理解學生到底是哪裡聽不懂，只會一次又一次，反覆地用更直、更大聲的聲音複述課程內容，還是沒有解決到學生的問題。也因此，期末評量時，他屢次被學生寫著：「上課無趣、教學沒有方法、脾氣也不好。」因此被系上減了課。

我們或許都曾在不經意間失去了觀眾緣，讓人沒興趣再聽我們說下去。那麼，究竟為什麼我們的聲音沒有辦法像是自己期待，或想像的那樣，自然流淌出來呢？

攻擊性強，又試圖證明自我的聲音

第一次見到惠茹時，她的聲音十分低沉，雖然音量不小，但是因為音總是哽咽卡在喉嚨，聽不太清楚。每一個字都又硬又重，加上她語速飛快，所以就像是湯姆森衝鋒槍一樣不間斷地「噠噠噠！」掃射著，聽她說話的人根本來不及反應，即便她自己未必是那個意思，但聽者卻已經被打得體無完膚，有種莫名被攻擊了的感覺。有趣的是，當他人在說話時，她的眼神銳利得像一隻狼，盯向對方，但當輪到她自己說話時，卻立刻垂下眼，不與他人對視。

這樣的聲音問題，導致她工作時，很多同事總是誤會她的意思，認為她很愛批判他人，既凶又不好相處。所以即使她非常積極、精明能幹、又負責任，大家卻總是不太服氣。

從惠茹每個字都夾帶著重音的聲音之中，你似乎已經聽不出她到底在強調什麼，只知道她似乎想要證明什麼。

隨著多次課堂的練習，惠茹才在一次錄音作業中敞開心房。她告訴我，她是在一個單親家庭長大，爸爸五歲就離開家，被父親遺棄的痛苦，加上媽媽對爸爸的怨懟感染了她，使她多年來飽受負面情緒的痛苦。後來，媽媽為了工作把她丟給阿嬤，她只能將憤怒轉化為動力，逼迫自己成為一個不需要媽媽的孩子。再加上阿嬤重聽，所以她怕阿嬤和這個世界聽不見她的聲音，所以她總認為考試考到第一志願，將每件工作做到最好，才足以證明自己是值得被愛的。

我們在說話時會帶著不同的聲音表情，帶給他人不同感受。有些人說話的句尾直白，像一把菜刀狠狠切下去，讓人覺得他既固執又凶。有些人的聲音的氣息虛弱，聲音線條像被打中的蚊子垂死落下，讓人覺得他應該很好欺負。

但是如果我們試著在聲音中加入一些優美線條呢？就像是一塊膨軟的麵包，擁有彈性與嚼勁，讓人從你不斷變化的聲音中，聽出了既有趣，又有包容力的一面。不自覺地，就能散發出讓人覺得可以親近的氣場。

惠茹的聲音像是一顆顆水球，用力地往對方臉上砸，我告訴她，可以用以下方法，試著了解文字中的奧妙，讓自己的聲音更有線條。

聲音藥單：將話語說出生動線條

1. 首先，練習說話時將每一個母音拉長。

示範音檔

ㄚ：爸爸、媽媽

ㄝ：鐵定、結局

一：一人、西邊、笑嘻嘻

ㄛ：伯伯、國家

ㄨ：房屋、巫婆

2.將母音捧起來，讓字與字的連接線條更順滑。

示範音檔

例一：義大利

當三個音都是四聲，除了要注意三個音都不能壓到喉嚨外，還要將線條稍微回勾，氣不間斷，讓四聲聽起來不那麼用力。另外，要注意處理三個音的長短與輕重差異。

例二：橄欖油

我們在唸三聲時，音經常下墜後就忘了回來，因此要注意將音捧起來。但又要與最後一個二聲「油」做出輕重上的區別。

例三：用英文、中文、台語三種語言唸出：四、十、十四、四十、四十四。

示範音檔

有沒有發現，唸中文、台語的時候比較鏗鏘有力，顆粒感比較重，而唸英文時比較有線條、也比較柔和且輕呢？

那是因為英文本身只具有重音與音節上的變化，因此若要他人理解對方在說什麼時，非常需要依靠線條。

而由於中文有三、四聲，台語有八種音調，因此很多人唸時，很容易壓到喉嚨，造成音不連貫，而且氣也無法上揚，當然比較難有線條。所以我們可以試著像唸英文一樣，將每個字作為一個單位找出線條感。

如果在句尾兩、三個字往下壓，聽起來會有控制、命令感；而句尾上揚的語調，則會讓聽者有受邀請的感覺。

唱歌其實就是說話的延伸，就像音符在五線譜上有高低音之分，每顆音根據歌詞內容有些拖得比較長，有些比較短。為了展現出歌詞的語境，某些字詞也會有輕重之分。

所以說話如果也能像唱歌一樣具有線條感，不就更能讓人覺得我們說話有韻味、有情調了嗎？

為什麼我的聲音沒有表情？

——用音高、輕重、長短，為聲音上妝

宜玫在傳產公司擔任中階主管，體型豐潤，一頭短髮，穿著乾淨白襯衫，戴著琥珀色粗框眼鏡，笑笑地假裝自己很有精神的樣子。

但是她一開口，就讓我想到了卡通人物，戲劇化的高音飄在空氣中，都是虛無飄渺的假音，好像泡泡一戳就破，搭配臉上標準的四十五度角微笑，彷彿期待著他人的友善回應，反而讓人有想欺負她的衝動。

果然，宜玫為此深深困擾：「我在公司講話都沒人要聽，不管我提出任何意見，主管都會打斷我說話。」同事出去吃飯，也都不會約她，把她當空氣。當她要給晚輩建議時，用信件溝通的方式還可以，但當面講就常常遭受白眼。「所以我覺

得，我應該有很大的問題。」她的自覺讓人相當心疼。

宜攻的狀況，其實是過於僵化的聲音表現，忽略了聲音是可以變換的，過於樸素呆板，忘了為聲音「加點顏色」。

其實聲音也需要化妝，只要善用聲音表情三大法寶：高低、長短、輕重，就能幫聲音畫出美麗妝容，擺脫沒人聽的窘境，成為亮眼星星。

高低：從激昂高亢，到平靜安撫

二〇一四年，某知名賽車廠推出最新車款，從車型、燈罩、材質、顏色、配備全換了，在歐洲賽事中首度公開時，粉絲全都引頸期盼，熱切觀賽。我們印象中的賽車，總是有著由引擎發出高亢而尖銳的音浪，一波波將觀眾的心鼓譟起來，華麗揭開比賽的序幕。

但沒想到，當車子一上場，本該高昂帥氣的引擎聲，不知為何竟然被換成了沉悶低鳴的聲音。就像是帥哥突然便祕倒地一般，現場粉絲尷尬又傻眼，全場的歡呼頓時變得鴉雀無聲。

不同聲音有不同特質，會讓聽的人產生不同情緒，所以適時為說話內容變換音高，才能使訊息更亮眼。

高音：聽起來興奮又熱情，能夠帶動眾人氣氛，像攪活一池春水那樣，在選舉造勢時特別常聽到。在說話的一開場，可以用高音先引起他人注意，顯示自己的朝氣和溝通意願，或者用高音將重點字打亮。但若過度使用，聽起來會讓人覺得刺耳，過於浮誇、做作，所以不能一直停留在高音頻率。

中音：我們日常中最常使用的音頻，是一種放鬆、平易近人的感覺，就好像在跟親友說話的聲音，有時也讓人感覺平靜、文雅、端莊。相對地，整個句子中只使用中音的話，容易讓人感覺冷淡、不在乎，沒有想要跟他人溝通的意願。

低音：安穩又值得信賴的低音，讓人認為這個人是願意負責，也願意聆聽的，多數宗教領導、思想家的聲音都在這個頻率。如果對方的情緒正高昂，或是低落需要安慰，我們可以用低頻音舒緩他們的心情。也記得不要一直使用低音，會讓人感覺沒精神、有點懶散，在人多的場合也會比較吃虧，不容易被聽見，聲音傳遞不遠。

長短：情感迂迴，或切開分明

長音：拉長的聲音，讓單獨的字黏成一串，聽起來比較溫柔，也容易讓人有期待感。若過度拉長，則會有拖泥帶水、慢半拍的感覺。

短音：讓人有俐落的感覺，每個字都切開分明，在發布命令或警告時特別適合。但如果每個字都是短音，聽起來有種喘不過氣，很累的感覺。

輕重：氣若游絲，或用力出擊

所謂輕重，就是每個字的「用力」程度：

重音：可以強調出重要的字，也可以透過重音施予聽者壓力，比如父母在罵小孩時，一定是每句話都相當用力。不過若每次說話都習慣重音的人，就不容易讓人聽出重點在哪裡，長期下來反而很疲累。

輕音：說話輕柔，是讓他人比較不會感受到壓力的方式，通常服務人員或醫護人員、催眠師，比較會使用輕音安撫客人與病患。但如果都過於輕柔，會比較沒有朝氣。

我們將上述簡單整理成表格：

音高	特徵	過度使用
高音	熱力四射 帶動氣氛 增加溝通意願	刺耳 過於浮誇 做作
中音	放鬆 平易近人 端莊	冷淡 不在乎 拒絕溝通
低音	值得信賴 負責任 具包容力 舒緩焦慮	沒精神 懶散 聲音傳不遠 含糊不清

音長	長音	溫柔 情緒渲染感	拖泥帶水 慢半拍
	短音	俐落 發布公告	喘不過氣
音重	重音	強調重點 施壓	重點失焦 使人疲憊
	輕音	減緩壓力 安撫	沒有朝氣 不切實際

聲音藥單：多種元素搭配，同一句話不同表情

了解了高低、長短、輕重三種要素的特質後，我們就能來變化出不同妝容！

讓我們先以樂器為例：長笛與喇叭，同樣都是高音樂器，但是長笛的短音聽來

輕巧可愛，就像來到了一個森林，聽見小鳥的鳴叫，萬物都生氣蓬勃般興奮；而喇叭多用來吹奏長音，像是《皇家進行曲》，你彷彿看見一整隊的騎士和皇家衛兵，整齊威武地出場。而以大提琴演奏長音、低頻、輕柔的音樂，會給人舒服放鬆的感受；同樣是低頻，改成節奏短，重音的鋼琴演奏的話，就像《命運交響曲》，變成了提振、震撼的效果。

你可以玩玩看，以不同的方式說：「謝謝。」會表現出什麼樣的情緒？

示範音檔

1. 高音×長音×輕音：帶有一種撒嬌，真心感謝他人幫你完成了一件事。
2. 高音×短音×重音：像是候選人致詞後的感謝，期待激起選民支持。
3. 低音×短音×輕音：漫不經意的態度，好像有一些敷衍。
4. 低音×短音×重音：嘴巴說著感謝，心裡卻沒有這樣想，更像是在挖苦。

最後，再以不同的組合試試，說：「你好」、「對不起」、「我愛你」之類的句子吧，你會發現原來聲音真是千面女郎呢！

聲音練功坊：說出一口「好菜」

示範音檔

接下來讓我們試試用菜單，來練習分句、節奏和語調。

我們以「香蒜番茄海鮮麵」為例：

1.先試著將一句話裡的詞組，以二到三個字為一個單位，進行分句：

香蒜　番茄　海鮮麵

2.請把喜歡的地方，加上音高的變化：

比如我喜歡香蒜，當我在唸的時候就會特別提高音調，但喜歡的地方也可以用低音增加隆重感。

3.再來把喜歡的地方，也加上節奏變化：

故意把香蒜兩個字唸得很慢。也可以用輕快又明亮的感覺唸出，呈現滿滿的期待感。

4.把酸甜苦辣不同的感官，透過聲音表現出來：

酸甜苦辣雖然是味覺，但其實我們可以根據感受的差異，透過聲音描繪出來，比如：「炸」跟「辣」像是在嘴內炸開，講的時候速度就可以又快又重；「酸」味則是一入口就鑽進身體的每個細胞，比起辣味，一樣是速度快，但力度就會稍微輕一些；一想到「甜」味，我們的嘴角就會不自覺上揚，講話的語氣自然偏高音輕快；「苦」味就多了份悲情，語氣變得緩慢沉重低頻。

綜合以上練習步驟，大家可以從下面的菜單中，挑選自己喜歡的其中一樣，再按照分句、音高、節奏、感官等一一加入變化，一起玩出一口好菜！

香蒜番茄海鮮麵	蔬菜焗烤通心麵
海鮮焗烤通心麵	白酒海鮮細扁麵

松露野菌佐奶油醬汁細扁麵	奶油培根蘑菇醬汁細麵
酸子辣汁炸鱸魚	酸辣炸牡蠣
韓式石鍋拌飯	冬粉鮮蝦煲
牛肉泡菜鍋	鐵板香辣海鮮

為什麼講話沒有人願意聽？

——用聲音作畫，讓人如臨現場

我很喜歡聽蔣勳老師的演講，他的聲音像一棵千年古樹，沉沉穩穩地扎在土地裡，氣流滑潤而飽滿，字句就像一顆顆種子，圓圓地落在地上，絲毫不輕浮飄蕩。聽他說話，就好像沐浴在愛裡，心被深深捧起來的感覺，溫暖又安全。

像是一位得道高僧，蔣勳老師的低頻胸腔共鳴明亮，彷彿古代日劇裡，寒風中從遠處傳來的鐘聲。老師總像是拿著畫筆一樣，用聲音就畫出了紅色、綠色、深色、淺色，畫出壯麗的山水，畫出豪情壯志，也可以細細勾出故事裡的小情小愛和清香淡雅。

仔細觀察蔣勳老師演講時，身體總是挺立而穩定的，當他在掌聲中上台時，步伐堅定又從容，緩緩地在自我的步調中開始他的分享。

老師的聲音表情一點也不浮誇，而是每個字後面都含有深切的意念，所以才能那樣讓人如臨其境。

聲音藥單：從動詞到畫面，用聲音作畫的七個方法

我常常在思考，要怎麼樣說話才可以像蔣勳老師一樣厲害？直到有一天，我在美國音樂院的一堂唱歌表演課，老師教我們怎麼「唱出歌詞的畫面」。

1. 先找出動詞，再搭配情緒

首先，每個人輪流抽一張紙片，抽到什麼紙片，就要表演那個紙片上寫的內容。

一開始，紙片上分別寫著：跑、跳、飛、唱、跳舞。這是第一回合，大家都覺

得挺簡單的。

可是到了第二回合，除了動作以外，老師要求我們加上「情緒」做動作，像是：快樂的跑、盡情的跑、思念的跑、悲傷的跑。

這個活動的目的在於，不同情緒下的動作張力是完全不一樣的。想像讓這樣的練習回到聲音表現上，你就知道「快樂的歌唱」跟「悲傷的歌唱」，兩者應該是截然不同了。

2.為動詞和情緒，想像背後的故事細節

接著，你要在腦中刻畫出故事的畫面，或是你心中曾經發生過的故事，將這個情感移植到句中，就能變成動人的演講。

以跑步為例，你要先想像你為什麼要奔跑，腦中可能浮現：「因為是一場馬拉松大賽，我就快要到終點了，所有人在終點的那一頭搖旗吶喊等著我！」先為你的畫面鋪敘好故事，想像當下的情緒，就能自然地表達出熱情奔跑的聲音線條。

有故事、有畫面、有感受，才能用身體去表現出每個字詞的情緒。

我們來試著做幾個情境練習：

情境一：你走在大荒原裡，突然遠方塵土飛揚，有幾匹很帥的馬狂奔而來。

句子：「馬蹄奔馳濺泥而起。」

①請用看到這些馬兒覺得很帥、很興奮的情緒唸：馬蹄奔馳「濺泥」而起。

②請用不小心被濺起的泥巴潑到，覺得超衰的情緒唸：馬蹄奔馳「濺泥」而起。

示範音檔

情境二：夏日的午後，你走到草原中，看見一條長長的路，一直蜿蜒到遠方。

句子：「草原中，一條長長的路蜿蜒向遠方。」

示範音檔

①請用覺得草原很美麗，遠方很有希望的情緒唸：草原中，一條長長的路「蜿

蜒」向遠方。

②請用迷路了好久回不了家，累壞了喪氣的情緒唸：草原中，一條長長的路「蜿蜒」向遠方。

3.用聲音讓環境狀態有立體感

我曾經教過一個新加坡電子公司的CEO主管，他個性很嚴謹，說話的時候句尾都會往下，就算是要鼓勵大家的話，也是非常沉重面無表情：「讓我們手牽手一起，努力注入熱情，期待公司的更開闊的未來……」

員工一聽，反而覺得這公司是不是沒希望啦！所以一個領導人要怎麼讓員工覺得，公司真的是一個充滿熱情、希望的地方呢？我請他將字詞分句，並抓出動詞，然後想像畫面：「公司靠著大家一起努力奮鬥，賺進了好多錢。」他馬上抓到訣竅，用發亮的眼神與振奮的聲音喊出：「讓我們手牽手一起，努力注入熱情，期待公司更開闊的未來！」充滿信心的鼓舞，立刻就有了大家一起打拚的現場感。

我們可以善用聲音創造出一種現場的狀態，讓環境出現立體感，試著唸看看以下兩種不同情境的句子：

情境一：你騎著腳踏車，正好經過一條石子路。

句子：「腳踏車騎過石子路。」

①這是一條輕鬆好騎的平坦路：腳踏車騎過石子路。

②這條路很斜，你騎得很吃力：腳踏車騎過石子路。

③地面石子很大塊，路非常顛簸：腳踏車騎過石子路。

示範音檔

情境二：火箭即將升空，在萬眾矚目下發射。

句子：「火箭升空，射向天際。」

①記者在吵雜的現場報導，興奮地說著：火箭升空，射向天際。

②宇航員上次險些遇難，如今要再次出發，他的妻子擔憂地說：火箭升空，射向天際。

示範音檔

4.用聲音表現速度

聲音除了可以表現環境的狀態之外，還可以展現速度，比方說：「火車鑽出山洞，奔向遠方。」如果山洞短短的，我們就能唸得輕鬆愉快；如果山洞其實很長很黑，我們就可以表現出等待許久的疲憊感。

如果速度再加上情緒，會是怎麼樣呢？比方說：「飛機從天呼嘯而過。」如果是一位帶著孫子，第一次去看飛機的爺爺，就會充滿興奮感；如果是一位媽媽，剛送別出國遊學的兒子，依依不捨看著天空，就是一種惆悵難捨的情緒。

示範音檔

示範音檔

5. 加入自己的經驗

示範音檔

接下來越來越接近用聲音來畫畫的精髓了。現在我們來看看同一句話，加入你不同的生活經驗會有什麼不同：

情境：在一個平靜的夜晚，看到天空有流星飛過。

句子：「一顆流星劃空而逝。」

①請用這是這輩子第一次看到流星，你很興奮的情緒唸：一顆流星劃空而逝。

②已經看了第一千次，你覺得沒有什麼：一顆流星劃空而逝。

③想起你和前女友曾一起看星星，突然很想念她：一顆流星劃空而逝。

6. 言外之音

示範音檔

你應該會常會碰到一種狀況，就是要說的意思，其實不是字面上的意思，後面有被隱藏起來的感受。接下來我們來練習一下怎麼讓這種言外之音，變成聽眾腦海中的畫面。

情境：你的朋友生孩子了，你來他們家看這個小孩。

句子：「小baby哭了。」

①請用你很喜歡這個小嬰兒的情緒唸：小baby哭了。

②你覺得這個小孩好吵，非常鄙視又嫌棄：小baby哭了。

③你覺得小嬰兒一點也不稀奇，只是又一個普通的小孩：小baby哭了。

④你曾經失去過一個孩子，看見嬰兒勾起了傷心的回憶：小baby哭了。

7. 打開自己的五感和記憶

示範音檔

最後，讓我說一個小故事給你們聽。

那是一個冬天的傍晚，台南人劇團的夥伴用摩托車載著我，要去高鐵站坐車回台北。我們在路上經過了一條小溪，旁邊有個紅綠燈，我們就停在那邊。剛好是五六點的時候，可能有人回家開始洗澡，那個溪就有熱熱的蒸氣冒出來。

溪裡有一顆顆肥皂泡，我突然聞到那陣香味，腦中的記憶就被打開，發現這就是我阿嬤常用的肥皂。雖然她已經不在，市面上也不賣這種古早的肥皂了，但是剛好此時此刻，冬天的一個傍晚，這肥皂的味道，讓我想起慈愛的阿嬤，還有她燒的一桌好菜。

你有沒有在剛剛的故事裡面，同時感受到味覺、聽覺、觸覺、視覺、嗅覺的畫面和感受？最後的這個練習，就是邀請你打開自己的五個感官，看看它勾起了你哪一段回憶，並試著用有情感的言語去表達，看看能不能真的以聲音作畫，讓人身歷其境。

記得我們教了你七個小方法，從分句、找出動詞、加入情緒和故事細節，用聲音表現環境、速度、言外之音，最後打開自己的五感記憶，經常練習，你說話的時候，就能既有畫面又有故事感，成為一位生動的聲音畫家。

改變聲音的共鳴頻道（一）

——通暢圓潤的王者之聲

很多來上課的學員會問我：「所以老師，我天生的聲音就很低，是不是就只能暗沉了呢？」或是「我覺得聲音太高了，很像小孩子，但我想要聽起來沉穩專業一點。」當然，每個人一出生就決定了音色以及音高，但是我們難道就沒有辦法再改變聲音的質地了嗎？

不知道大家有沒有想過，為什麼聽音樂時，我們可以明確分出樂器的差異？那是因為它們都不只是單音，而是由多種不同的頻率疊加在一起的效果，所以即使它們都是同樣的音高，不同的樂器也可以製造很不同的音色。我們每個人所發出的聲音也是如此，只要變換我們的「共鳴腔」，透過些微調整疊加的頻率，就能轉換成

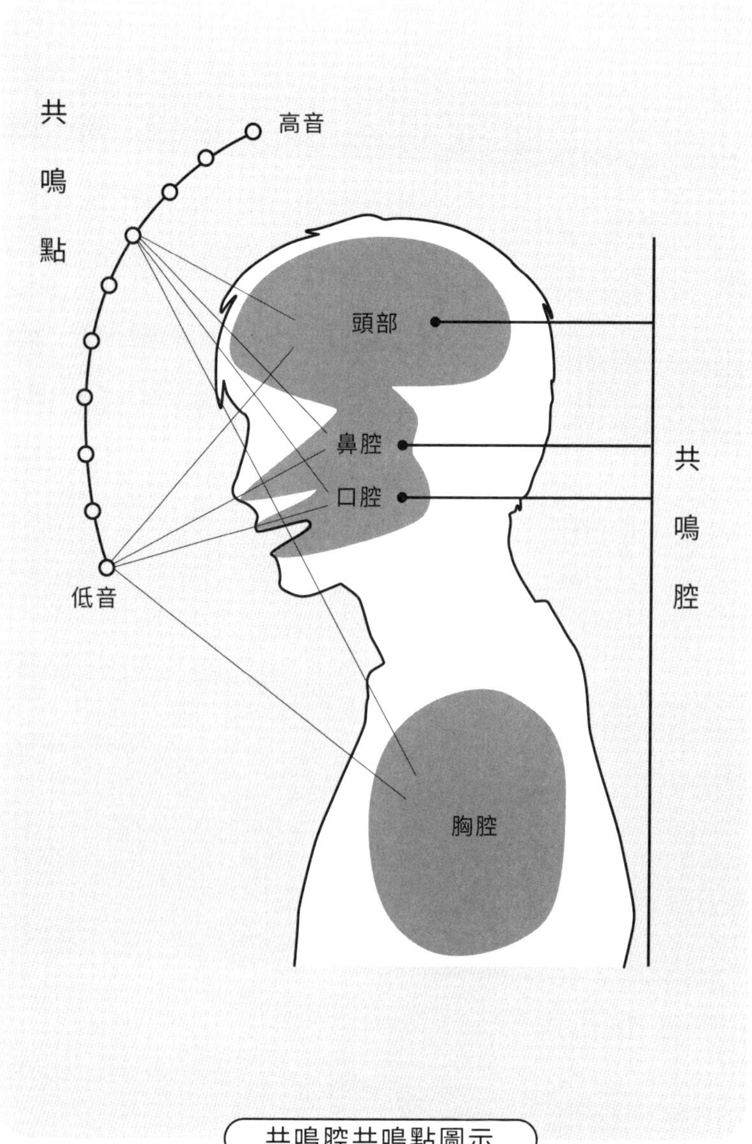

共鳴腔共鳴點圖示

不同的聲音。就像切換成不一樣的頻道，要沉穩或輕巧，想要什麼形象，你都自己可以決定。

其實，人的身體本身就是一把樂器，當氣息通過聲帶震動產生聲音，這些音波會在身體各個不同的共鳴腔內加乘、擴大。而共鳴腔就像一顆精緻的鼓，你把鼓皮繃緊、把空間立起來，可以讓音量變大。

不同位置的共鳴腔，可以製造出不同的聲音質地，表現出濃、淡、甜美、性感等不同的音色。共鳴腔又可以分為：胸腔、口腔、咽喉腔、鼻腔與蝶竇腔、頭腔。

胸腔共鳴：可信任的沉穩之聲

曾經有一個星媽朋友跟我分享，女兒去韓國拍古裝宮廷劇時，同劇飾演皇帝的男演員因為聲音不夠有威嚴，被導演訓斥了一頓，他就趁休息時躲進房間，拿了一個音頻測量器開始調整，盡量把音高、音質調亮調厚，顯出王者風範。

其實，要想讓聲音低沉且具有王者般的沉穩、大器，並不是要你壓低喉嚨，而是轉而讓聲音的共鳴腔以胸腔為主。

古代西方國家的君王都會有全身的肖像畫。他們披著華麗的長袍，墊肩上有著各式各樣的流蘇、裝飾，手裡拿著權杖，隨著不同的年代或國籍，而有著各式各樣的風采。但他們都有著共同的姿態：這些君主都會將胸口筆挺地撐起來，以展現他們英氣與威武。就算一句話也不說，依然看起來十分有氣魄。

君主們在發號施令時，往往挺起

雙手在胸前舉起，擴張胸口，能讓共鳴腔變大

胸膛，展現氣勢與自信的氣場。也因為透過展開胸腔，才能發出又亮、又響的聲音，使人民心悅誠服。

當人們害怕、緊張、或疲憊的時候，肩膀會不自覺萎縮，進而壓迫到胸腔，導致管子角度被彎曲，氣就無法順利地進出，也因此聲音聽起來單薄了許多。所以想要讓聲音順暢發出來，需要正確的角度，要讓氣管直立起來，不能讓它彎曲變形。一旦這條管子受到任何壓迫導致他的角度偏掉，都會影響聲音的共鳴。

你可以試試，將一隻手擺放在胸口，唱出低音的「嗡」的音。胸口有微微震動，就是使用胸腔共鳴的感覺。如果要加強胸腔共鳴的音量，可以再讓雙手像捧著一個盤子般在胸前舉起，擴張胸口，就能讓共鳴腔變大。

示範音檔

口腔共鳴：飽滿圓潤之聲

在我大學剛畢業，還沒有出國學聲音教練時，曾短暫當過小學音樂老師，那時一周就有二十幾堂課，學生們上課全都活潑、躁動，我時常扯著嗓子叫他們安靜，結果以前練聲樂就發炎的聲帶，變得更啞更破了。

那時的我很沒自信，因為我覺得：「聲音不好聽的人，就長得不好看。」認為我整個人都醜掉了。直到後來開始教聲音工作坊，指導學員找回正確的發聲姿態，我就認真思考，為什麼我教別人都沒問題，但是我自己的聲音這麼爛？

有一天很神奇地，我心裡就冒出一個聲音告訴我：「因為你沒有用到適合自己的方法。」我像是當頭棒喝，突然醒來了一般，發現自己是沒有用到口腔共鳴。於是我把軟口蓋提高，內嘴張開，讓聲音在口腔裡面盤旋，音量自然就會加大，而不必扯著嗓子。

示範音檔

我們一般說話時，如果沒有要刻意低頻或高頻，共鳴位置就可以放在口腔，特別是覺得自己說話音量太小的人，其實只要打開上下顎，並把嘴巴內部張得夠大，大到足以放進兩根指頭而不會碰到內壁的大小，就出現了能讓聲音在口腔裡共鳴的空間。另外，要注意不要讓你的舌根擋到後方的懸壅垂，堵住了聲

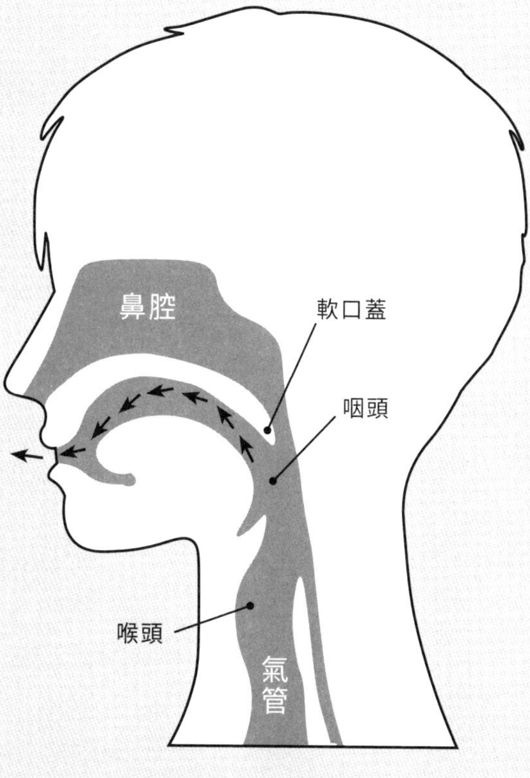
鼻腔
軟口蓋
咽頭
喉頭
氣管

音的出口。

讓你的嘴巴像一座音樂廳的舞台空間一樣，有天花板，地板及後面的牆，演奏家在台上演奏，聲音像龍一樣在三面牆內飛揚、流竄並且共振，再送進聽眾的耳朵，讓聲音聽起來飽滿圓潤。當聲音好聽，人也會比較自信好看喔！

改變聲音的共鳴頻道（二）

——純淨之聲到成熟性感

鼻腔與蝶竇腔共鳴：甜美的激勵之聲

某一天，我以為曹雪芹筆下的林黛玉，真的來到了我的課堂。

這位女孩留著中長髮，髮尾微微捲起，皮膚白皙、眼珠靈動、動作輕巧，一開口就讓人心動，她的聲音輕甜，每個咬字都清楚又不會太銳利，帶點鼻腔共鳴的撒嬌感，讓人喜歡極了。

但是這麼惹人疼的聲音，卻讓她很困擾。她在工程公司上班，身為全公司極少數的女性，她發現自己只要一講話，整個公司都會竊笑、震動、鼓譟，讓她覺得很困擾，「我不希望自己的聲音，聽起來像０２０４。」原來美女也是會有煩惱的。

我們的臉，額頭有兩個洞，然後面部靠鼻子這邊有兩個洞（見一三五頁），這些洞像是一隻張開翅膀的蝴蝶，撲在你的鼻子上一樣，所以我們稱它為「蝶竇腔」，很美的名字。如果你運用這個位子和鼻腔的共鳴，聲音就會非常甜美。

但這位女孩的狀況是鼻音使用太多，口腔空間卻開得不夠，如果能增加口腔的中音頻中和鼻腔的甜美，那聲音就不會太嗲了。我告訴她，每個句子的字尾線條也可以試著盡量持平，而不是上揚，就會減少很多撒嬌感。

不過，如果你想要擁有能夠帶動氣氛的聲音，特別是想要擔任主持人的人，可以試著講話時抬起眉毛與顴骨兩側的笑肌，將鼻竇附近肌肉微微擴張，打開你的鼻腔、蝶竇腔，讓聲音往面部送，聲音就能變得更加明亮甜美喔！

示範音檔

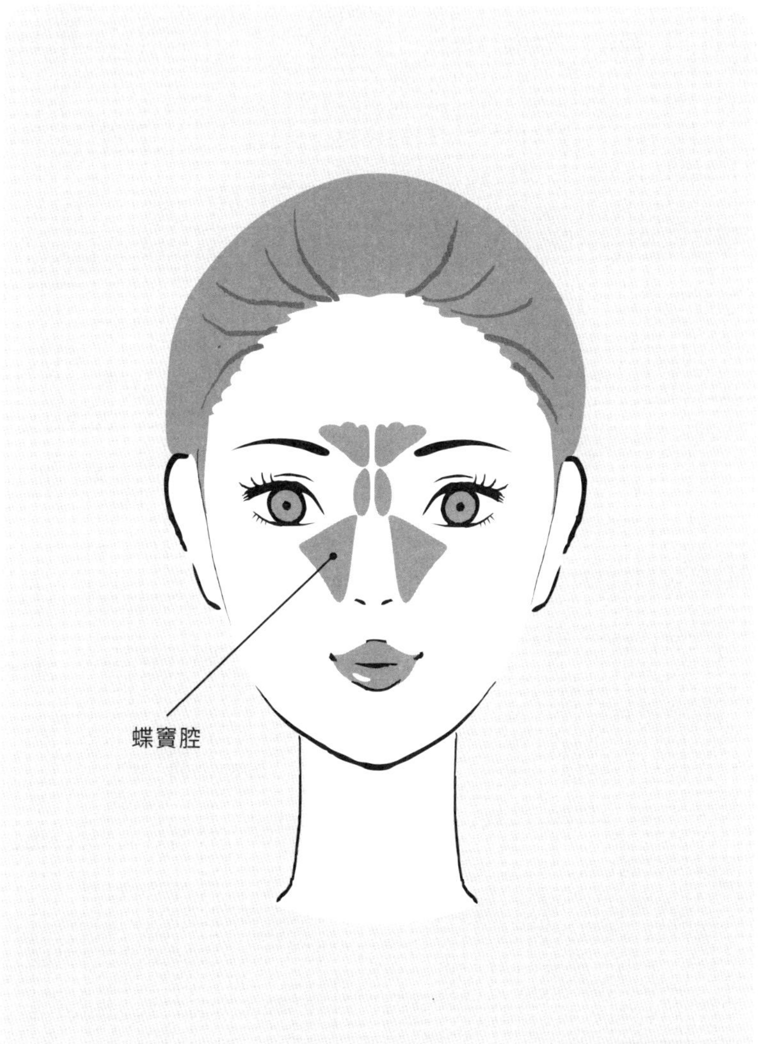
蝶竇腔

咽喉腔共鳴：性感的滄桑之聲

在古典聲樂界，每個人都追求優美高雅的聲音，對沙啞低頻的破嗓音頗沒好感，老師聽到也多會直接改正，請同學減少用咽喉腔發聲。

直到我去美國讀書時，周五下課後與朋友相約在爵士酒吧，裡頭煙霧彌漫，醺得燈光也都醉了起來。大家的笑聲不斷，釋放著一整周工作的壓力。遠遠地，我就看見舞台的鋼琴上趴了一個女生，慵懶地、緩慢地，發出性感又滄桑的歌聲，像是動物的低鳴般，撫慰了每個疲倦的靈魂。那一刻我才發現，這樣帶有刮痕，從咽喉腔發出的共鳴聲，其實相當迷人，有著歲月留下的風華。

其實每個年代的聲音美學都不相同，台灣早期擁戴鄧麗君、黃鶯鶯等甜美輕柔的聲音，近年開始，像A-Lin、黃小琥這樣微微沙啞撩人的聲音反而很受歡迎，歐美也有如克莉絲汀．阿奎萊拉（Christina Aguilera）、愛黛兒（Adele）等充滿咽喉共鳴的聲音。

咽喉的共鳴位置，在口腔後方、舌後方，吞食物的轉角處，再加上往氣管連結的喉部（位置詳見前一章第一三二頁）。你可以練習在咽喉腔的地方，用氣「磨蹭」你的咽喉部，說「Come on」，就能擁有搖滾腔，像西部牛仔在叫囂對手時，讓聲音聽起來更具個性。

示範音檔

歌手蔡振南是我父親的偶像，他非常喜歡他的《母親的名字叫台灣》，嗓音草根滄桑，好有歷經風霜的深度與味道。記得有次他聊到，為了讓自己的嗓音沙啞，他向布袋戲師父請教，師父叫他回去用美工刀刮家裡的牆壁，然後將那些粉末吸進喉嚨，他真的做了，「結果我的喉嚨就咳出一點一點血絲，嚇死我了。」為了練成滄桑嗓音，竟然付出這樣的代價，讓我十分震驚。不過，請大家不要模仿，喉嚨的損壞是永久性的，我們一般人還是要好好保養。

頭腔共鳴：高亢的驚人之聲

最後一個，是唱歌劇的頭腔共鳴，許多世界上的男高音、女高音，就是運用頭腔共鳴唱出驚人又優美的高音。

想做出這樣的聲音，你要把共鳴擺在頭顱的中間，讓自己覺得聲音是從眉心這個地方發出來，想像氣球輕輕地浮在腦袋中間這個地方，把聲音吹進去，這裡用的就是頭腔的共鳴。

可是你如果講話用了太多頭腔，假聲會比較多，人家可能會覺得你這個人做作，或是浮在半空中，所以可以適時觀察自己是否過度使用頭腔共鳴了。

平常習慣頭腔共鳴的人，如果想要調整，就是多多練習第三部分中提到的走路練習（第一六八頁），讓氣息與能量往下扎根，不要總是飄在頭部，就能減少頭腔共鳴的說話方式。

聲音藥單：不同的角色

我常常陪演員一起塑造角色的聲音時，去觀察很多不同領域、階層的人，在說話時，身體與氣息、口條、還有共鳴腔的位置是如何呈現的。為了要讓演員一開口就立刻像是那個角色的狀態，會歸納出一些該角色普遍會有的聲音特質。

以下就為各位附上不同角色的聲音特質，讓想嘗試聲音變化的人玩玩看！

角色特性	聲音特質
王者之聲	1. 胸腔共鳴：將喉管打開 2. 氣息：飽滿 3. 句子：速度放慢、句尾下壓 4. 眼神：肯定

談判求饒	帶動氣氛	清純可愛
1. 喉部與周遭肌肉：緊縮哽咽 2. 嘴唇周圍：僵硬、半閉 3. 氣息：虛 4. 句子：散氣 5. 眼神：放空	1. 口腔共鳴：將上下顎打開 2. 鼻腔共鳴：顴骨上升、眉毛上揚 3. 氣息：足 4. 句子：語調上揚 5. 眼神：喜悅、期待	1. 口腔共鳴：將上下顎打開 2. 鼻腔共鳴：顴骨上升、眉毛上揚 3. 氣息：輕巧 4. 句子：節奏變動大、音調輕快 5. 眼神：喜悅

被動遲緩	喜好控制	慌亂緊張
1. 喉部與周遭肌肉：緊鎖 2. 嘴脣周圍：僵硬 3. 氣息：垂 4. 句子：句尾垂，字句等速放慢 5. 眼神：呆滯	1. 喉嚨：緊繃 2. 嘴角：緊繃 3. 脣齒：字音過度清楚 4. 句子：下壓、用力 5. 眼神：銳利	1. 喉嚨：緊繃 2. 嘴脣周圍：僵硬 3. 氣息：浮躁、短促 4. 句子：含糊不清、忽高忽低、忽大忽小，不穩定 5. 眼神：飄忽

PART

3

公開演講
如何使用聲音

結巴、口吃，到底怎麼來的？

與他人溝通時，你覺得自己是思考過快，嘴巴跟不上思路的人？還是常常因為太緊張，所以腦袋一片空白，講話吞吞吐吐的人呢？

「說話」，就是人們將想要說的話在腦子先做整理，然後透過嘴巴說出來，在面對不同的情況時，大腦會自動調整自己說話與思維的速度，並在兩者之間取得平衡。

但有時兩者之間會失衡，互相打架，讓人感覺自己變成一台「失速列車」，出現口吃、說話忽快忽慢、像連珠砲講不停、或是每個音速度永遠一樣而過於單調，這些都是「語言失速」。一個人說話會失去調節速度的能力，很可能他自己是急性子，腦袋跑太快，嘴跟不上思考；也可能是他人給予了壓力，過度緊張導致腦袋跟不上要講的內容，或是不敢表達自己。

然而，許多講話較慢，不敢表達意見，聲音支支吾吾，或是重複卡住的人，多半在兒時曾經歷過長輩過重的斥責，導致他們容易被驚嚇，在每一次要表達時，腦袋裡自然形成了「自我批判」的聲音，也對於他人的情緒極為敏感，總是擔心他人是不是沒有耐心聽他說話。於是，說話開始結巴。

童年陰影，讓他總是懷疑自己

奕廷是一位室內設計師，在三十歲那年接掌了家族的設計公司，當上老闆。在此之前，他是一個到處旅行玩樂的浪子，沒想到父親突然逝世，讓整個家族措手不及，妹妹與媽媽試著承擔一陣子後，覺得實在太辛苦，決定叫回有室內設計專業的奕廷，扛起這份責任。

也許責任來得太突然，奕廷還沒有做好準備，以往只需要照顧自己就好，現在卻要帶領三十多人的團隊，讓他常常在與工人溝通時，因為太過急躁而口吃，一句話支支吾吾地，字全部疊在一起：「我我我覺得」、「這樣不不不好」。他覺得自己很丟臉，想要改過來，卻又太過心急使得情況更糟。

有些人獨來獨往久了，不習慣跟別人講話，常常只是射出了一個意念，就以為大家都懂了，結果往往讓旁人霧煞煞。

我們的大腦對於聲音的控制相當精細，有時過度的壓力，就會造成舌頭、喉嚨、嘴唇、呼吸等交互當機，如果意念仍不想停下，逼迫自己說話，就會開始重複一些單詞、音節、短句，造成「口吃」。

或是他們的頭腦思緒比較快，常常跳躍式地已經想到了後面的事，加上個性急躁，沒有等聲帶就位、舌尖形成子音、舌面和舌根形成母音、嘴唇定出口型，就想要開始說話，使得話語無法完整成形。

產生這種症狀的人，往往會覺得自己很丟臉，加上周圍的人可能會嘲笑，以致讓他們與外界疏遠，漸漸在人際關係中退縮。

經過細談後，奕廷終於聊到另一個關鍵，是自己小時候其實很怕父親，因為他的教導嚴厲，常常大聲斥責奕廷，讓他後來在說話表達時，都會下意識懷疑自己，生怕又說錯了什麼話，會招來一頓責罵。原來是這些原因，讓奕廷講話口吃。

許多父母發現自己的孩子說話口吃，就會感到緊張，用力鞭策孩子：「你怎麼連一句話都說不好！」「你要不要等想好了再說？」但往往讓孩子感受到更大的壓力，更心急的狀態下，口吃情況反而加重了。

所以我建議為人父母者，不論一天有多忙，一定要留下一段有品質的時間，和孩子們聊天並多多聆聽，聽的時候不用急著給建議，也不用急著修正，更不要中途打斷，時間不用太長，一天十分鐘就可以讓孩子感受到陪伴與支持。

有哪個孩子不在乎父母的反應呢？他們都是易感且愛父母的，父母做的每一件事，孩子都會看在眼裡，聽在心裡，他們會努力調整自己以得到肯定。若你的孩子說話會口吃或結巴，請不要過度緊張，不要表現出沮喪或是不悅，給予支持和理解，孩子就會感受到安心。

聲音藥單：放慢語速、戴耳機朗誦

對於想要改善自身失速狀況的人，我們可以做以下的練習：

一、放慢語速，加入停頓點：

想像我們在看YouTube影片時，調整影片的速度，將自己的說話速度放慢到○・七五或○・五倍，並且適度在語句中加入頓點，這樣就有時間讓嘴巴準備，或在腦中想好下一句話。以自我介紹為例，如果你平時說：「你好，我的名字是○○○，我是一位室內設計師。」只用了不到三秒，那就試著把句子拉長到六秒，把每個字說清楚，並且加入停頓點：「你好，我的名字是，○○○，我是一位，室內設計師。」

二、戴上耳機，錄下朗誦的聲音：

這個方法，靈感來自電影《王者之聲》。

一九二五年，剛取代了哥哥，繼承英國王位的約克公爵（也就是喬治六世），卻苦於口吃之苦，在每一次的公開演說都害怕得說不出話，無法展現國王的威信。

約克公爵的口吃，其實也是源自小時候被哥哥嘲笑過，導致他後來只要開口，腦袋就會被那一段可怕的回憶牽制著，無法自在說話。

後來他找上語言治療師萊諾，萊諾引導他一邊戴上耳機，一邊朗讀書本，約克公爵發現這樣做時，他的口語表達竟然流暢無阻。因為他聽不到自己的聲音，就放下了怕自己出糗的擔憂，而解開心結的他，也終於成功克服這個問題，在戰爭人心惶惶的時候，發表了深刻激勵的一場演說。

所以有失速困擾的朋友，可以試試看這個方法：朗誦時邊放音樂邊說話，並且錄下來聽聽看，我們有時聆聽自己的聲音，有時候不一定要聽，不怕自己的聲音出糗，就能逐漸克服挫折感。

回到奕廷的例子，我常常覺得企業領導人或主管，他們的責任重大，壓力也很大，說出來的話要有威信，要可以溝通，又要可以聆聽，表達出來的內容總影響著其他員工，分際的拿捏本來就不容易。

在這樣的角色下，把話想清楚、說清楚，往往是比講得快還重要的事，夥伴不需要你的快速，但需要精準明確，所以不要急，慢慢來，把內在的糾結梳理開來了，好好地說話，其他人才會容易聽進去。

有時無聲勝有聲：留白

有些人說話很著急，些許的停頓彷彿讓他們無所適從，於是逼著自己快點說話，卻也逼著聽眾快點吸收。所以無聲，其實是非常重要的說話方法之一。

有次我去大東文化中心演講，演講結束後，很多長輩跑到我面前，用不同的成語稱讚我講得多好。突然一個阿伯走向我，問我一句：「老師，你是講得很好啦！但你有沒有想過無聲？」坦白說，我當時心裡一陣錯愕，因為我就是來教聲音的啊！直到上了高鐵，我才終於了解他話中的意涵。

就像是真正的音樂應該要介於兩顆琴鍵中間，在說話時，留白是一件重要的事。我們都知道校長、政治人物或是舞台劇演員，在公開演講時，講話不是特別慢，就是他們會有所謂的「頓」。這是因為他們在等待，句子與句子之間的那個留白能夠真正植進人心，這個「頓」在他們的個人魅力上加諸了權威感，也透過內容使得人們反思。

這同樣可以運用在罵人身上，很多人在生氣時，止不住怒氣，劈里啪啦將所有憤怒與不滿傾倒在對方身上；但有些人，卻懂得在憤怒之間，停頓下來，讓聽者產生羞愧、罪惡感，也才能真正讓對方理解自己到底在不滿什麼。

很多意念都藏在沉默之中，因此在說話時，給予聽眾「留白」，給他們時間，讓你的話在他們的腦子裡不斷發酵，並藉此產生畫面、產生情緒。留白，其實是一門藝術。

請記得，等自己的思緒表達完全到位，也等聽眾真正地接收到內容，擁有停頓的勇氣，能夠自信地面對留白，才是成功的演講。

上台緊張說不出話？

——四個趕走焦慮的暖身、暖聲法

先問大家一個問題，當你需要站在眾人面前演講、報告，或是帶導覽、自我介紹時，你會緊張或害怕嗎？

如果你的答案是：「沒錯，我會緊張。」那恭喜你，代表你是一個正常人！每個人都有上台的緊張經驗，在有壓力的狀況下，要讓聲音自信流暢，實在不是一件容易的事。

不知道大家有沒有想過，每個人都是需要壓力的，甚至可以這麼說，越大的場合需要越大的壓力。舉例來說，火車、飛機都是靠壓力前進的。沒有一個偉大的成就、比賽、表演不是在壓力下完成的，更準確地說，是因為壓力才得以完成。

如果你是位教了二十五年的老師，有一門課你一天要在不同的教室，教同樣的內容五次，你很可能自然而然會鬆懈、倦怠，或漸漸失去熱情。壓力有時並不全然意味著恐懼，而是對一件事情懷抱責任感與熱忱，一旦沒有了壓力、緊張，沒有了這一次一定要成功的心態，那麼就一定沒有辦法將這件事情做好。

所以，壓力究竟是我們的朋友還是敵人呢？答案是，一個真正有智慧的人，就懂得如何將壓力轉化為自己的力量，運用壓力並且取得完美的平衡。

所有的生理狀況說明了你在乎：他們是訊息，不是結果

我參與過美國紐約NATS的聲樂大賽，那裡就像是一個武林大會一樣，全世界的聲樂好手都會參與。作為歌手的聲樂伴奏與歌唱指導，我當然希望我的歌手有好的成績。但在參加了兩、三年後，我發現每逢比賽之際，他們都會感冒、聲帶發炎，或是聲音卡卡的。一開始我十分不能理解，生氣地打了越洋電話跟我先生抱怨，我先生說：「那代表他們很在乎啊！」使我徹底驚醒。這些歌手們身體產生的

訊息，其實是反映出他們十分認真地練唱，才會導致聲帶承受不住，出現了各種狀況。

空氣、濕度、溫度、賀爾蒙的多寡都會影響聲帶的充血，於是便影響了它的厚薄度，所以大部分的歌手都會很注重飲食或是避免頸部著涼。但是即使如此，每逢上台前最緊張的時刻，喉嚨或多或少還是會發生狀況。

歌手其實都是很敏感纖細的，他們需要時常維持高度緊繃的精神。如果又沒有妥善轉化或是分散注意力，那些壓力就會以聲帶紅腫、發炎呈現出來。

緊張的時候，你又會有哪一些現象呢？有的人會口乾舌燥、有的人會胸悶、有的人會喉嚨緊，覺得整個人好像麻花捲一樣蜷曲成一團，巴不得可以從眾人的眼前憑空消失。每個人都有這樣的經驗，但緊張其實代表著：「你非常在乎這件事情。」緊張會讓腎上腺素加強，讓你更有力去應戰。如果完全不緊張，代表你不在乎這件事，整個人就會鬆垮垮的，那你上台講話或是表演時，就沒有魅力了。

所以重點是，我們要學著與緊張相處，絕對不能讓它毀了你。你要掌握它、駕馭它，而不是被它控制，甚至壓垮。

聲音藥單：上台前趕走緊張的四個方法

一、做足暖身

示範影片

不管是多身經百戰的講者，在上台前一定都要做好熱身練習、打開身體。就像我們游泳前暖身，是因為怕抽筋；上台前暖自己的身體，是避免自己像麻花大捲一樣，被恐懼綁起來。

請挑一首放鬆的輕音樂，一邊跟著我的導引動動身體：

1.張開雙手，然後從手腕開始慢慢地轉，轉的時候可以邊思考，你什麼時候會用到這個手腕？心裡感謝手腕平時對你的幫助，把手腕關節的緊繃轉開。

2.再到手肘，什麼時候你會用到你的手肘？跟你的手肘對話，去感受它的緊，感受它的鬆，並且感謝它。

3.再到轉手臂和肩膀，輕輕地向前轉，再換成往後轉。這些動作都很像下水前的游泳暖身，可以配合深呼吸，把氧氣帶到身體任何比較緊繃的地方，慢慢深吸深吐。

4. 最後檢查你的胸口是否緊繃，把整個人被緊繃纏繞住的限制，藉由呼吸打開嘴巴、喉嚨、胸口、肺部。

二、放鬆喉嚨周圍肌肉

示範影片

當我們害羞緊張時，常常感覺喉嚨很緊說不出話，那是因為聲帶跟喉嚨知道主人有難，肌肉就會用力關門，變成鐵柱緊緊保護主人。在這樣的狀況下說話，你會很用力地擠壓和磨損喉嚨，聲音聚集在喉頭的部分，聽起來相當吃力且沙啞，更誇張一點就變成唐老鴨的聲音。

這個時候，你可以用手指按摩你喉頭的部分，再擴張到脖子兩旁，耳朵與鎖骨之間的胸鎖乳突肌。張開左手，做出掐自己脖子的動作，你的大拇指和其他四個手指按壓的地方就是胸鎖乳突肌。你可以按摩這兩塊肌肉，讓喉嚨整個都舒緩下來。

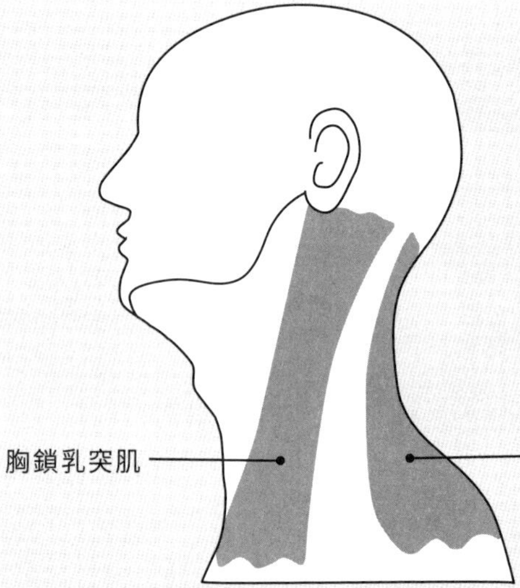
胸鎖乳突肌
斜方肌

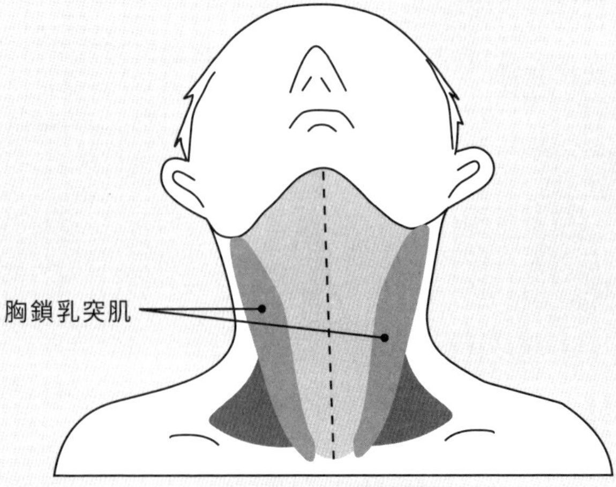
胸鎖乳突肌

大家也不要忘了，即使上台演講時說的是我們最熟悉的母語，為了要讓說話時舌頭靈活不打結，請記得要將腮幫子、下巴與舌頭也暖起來。可以多練習第一章介紹到的母音、子音單詞。同時，要根據你是使用什麼語言說話，調整需要暖身的一些單字或發音。

三、震動聲帶暖聲

示範音檔

放鬆完身體和喉嚨周圍肌肉，我們最後要來「暖聲」，有些人緊張時容易破音或喉嚨痛，其實只要事前做好暖聲就可以減緩。

一個最簡單的方法，就是用低頻的聲音唸長音「ㄚ、ㄝ、ㄧ、ㄛ、ㄨ」，不是刻意壓低喉嚨發出低音，而是在放鬆的情況下，像是廟裡誦經那樣的狀態，慢慢用低音震動聲帶，音量不需要大，自己聽得到即可，重點是像運動員一樣，慢慢暖開這些會使用到的肌肉，讓喉嚨震動暖身。

四、不只是要暖聲，還要暖腦袋！

不只口腔、舌頭的肌肉要暖，暖腦袋更是重要。因為所有活動正式開始後，就是腦袋在打仗了，假設今天上台說話是改以英文呈現，那麼要把整個思緒與體系調整成英文的邏輯。我們必須要將思緒、狀態都暖起來。

這些致勝的關鍵，就在開場前半小時的暖身體、暖聲音，當其他人在緊張焦慮時，第一名的選手卻把握時間將狀態準備好。

有一陣子我協助電視歌唱選秀節目訓練歌手，比賽到十五名之內的參賽者，就會送到我這邊做歌唱訓練。

我觀察到一個奇異現象：七到十五名通常是一個檔次，程度都差不多，三到六名大概第二個檔次，一跟二是最高層，但是一跟二的表現還是差了十萬八千里。

是什麼造成選手間的名次差異？原來是面對比賽，你的心理素質強度與柔軟度。第三層七到十五名的選手，他們很容易因為緊張而心浮氣躁；第二層三到六名，你可以看出他們精心苦練，可是好像還是沒辦法大器地揮灑；第二名準確流暢，每一個音都很準，可是就少了刻骨銘心；第一名的底子深厚，開場輕輕訴說故事，到了副歌激昂處可以震撼全場，深入人心，聽了覺得好過癮！

就像奧運選手一樣，我們可以藉由一次次上台表現的機會，看到自己還可以進步的地方。同時，不要因為一次的小瑕疵，就全然否定自己，循序漸進喚起身體的肌肉，請他們為主人效命工作。更重要的是告訴自己，天下人沒有不緊張的，冷靜地調整呼吸，一寸一寸地把聲音的主控權召回身體，放鬆而專注地將自己呈現在台上，讓聲音自由，那麼底下的聽眾一定會被你的風采征服。

把身體的座標設好

——打開聲音中軸、向下扎根

有些來到我課堂的學生，會告訴我這堂課跟他想像的很不一樣：原以為是演說訓練，來了卻發現是回歸自我內在，運用聲音為媒介，先看見自己，再向世界發聲的一堂課；原以為只要坐在位置上開口練習就好，沒想到竟會「整個身心」都活動了起來。

我們會以為，說話這件事只和喉嚨、聲帶有關，但其實是整個身體一起運作，才讓我們可以順利說話。

舉例來說，許多不習慣上台發表的人，在舞台上很彆扭，身體就會扭捏、擺溢，甚至整個身體歪一邊，雙腳無法站定，有時還一直踮著腳，或是焦慮地走來走去，就像直接告訴大家：「我好想下台呀！」只要身體不夠穩定，氣流就會飄忽不定，呼吸不順，講話聲音抖動，顯得更加沒有信心。

我常常告訴大家：「當你害怕時，更不能跟著身體一起欺負自己，要讓身體成為自己的力量！」改變自己的姿態，讓身體成為說話時的支撐，這是把話說好的基礎，但許多人往往沒有覺察到。

急著離開地球，覺得自己像孤兒

有一位中年男士政誠曾經報名我的課堂，在開課前他就打了好幾次電話給承辦人員，確認課程內容要上什麼？自己是否適合上課？其他學員都是什麼背景的人？過去都是怎樣的學員來報名？需要事先準備什麼嗎？等等諸多的小細節。

上課那天，有一位學員跟我坐在同一部電梯裡，不時東張西望，踮腳晃動，摸頭髮抓臉，又呼吸急促，一副相當不安的樣子，我馬上就猜想，這個人肯定就是政誠。

政誠身形瘦削，皮膚泛黃乾癟，說話的聲音就像燒焦，彷彿被耗盡了元氣，我問他是不是老師？因為老師是相當耗能又折損喉嚨的工作，他馬上回答：「對，你怎麼知道！而且我是社區大學老師，不是國小老師喔。」

政誠在話語中，總是急著要證明自己是優秀的，在課堂上也常說：「老師，我是不是真的很糟糕，你剛剛都沒有稱讚我。」其實我有稱讚他，但他可能沒有注意到或是覺得不夠，他一直希望別人能關心他，卻又擔心自己在他人心中是糟糕的，所以一直丟出「你們是不是不喜歡我？」「是不是覺得我不夠好？」這樣的提問，周圍的人反而不想和他相處，讓他更沒自信，形成一種惡性循環，活得相當辛苦。

政誠講話急躁，沒有等到吸飽了氣才開口，聲帶都還沒有閉起，氣就急著衝出來，所以聲音聽起來才會乾乾的像燒焦，氣若游絲。他就像永遠不在節拍上的人，堅持用自己的步調衝來衝去，沒有耐心等待時機到了再開口和行動。

他走路跟坐在椅子上時，都是踮著腳尖，腳跟從沒落地，好像他的靈魂早已不在身體裡，急著離開地球了。

我問政誠：「你是不是覺得，日子很無聊，生命中已經沒什麼好期盼的了？」他一聽就立刻眼眶泛紅，滿臉委屈地點點頭，說自己在教書時，學生都聽不懂他在說什麼，覺得他教得很爛；回到家，太太小孩也不想跟他說話，自己就像一個沒人愛的孤兒，不知道活著是為了什麼。我再追問，這樣的「孤單」、「獨立作戰」的感覺多久了？沒想到一個問句，將時空拉回到他的童年。

政誠回想他小時候，爸媽忙著工作，常常把他一個人丟在家裡，他哭了好久都沒人來抱他，喉嚨都啞掉了，卻還是等不到爸媽的安撫，讓他覺得自己是被拋棄的孩子。

我才明白，小時候缺乏了需要的關愛，讓他一直很沒安全感，長大後才會到處索討他人的愛，偏偏這個動作往往適得其反，然後又以受傷的姿態去批評他人是次等的，努力證明自己值得被愛。

我告訴政誠，可以試著將身體的氣與重心放到腳後跟，感受自己與地面更緊密地貼合著，就像是往地球裡面扎進去一樣。同時打開胸口，感受地球給予自己能量、歸屬感、方向感。除此之外，我建議他，每一年都去尋找一件喜歡做，或是感興趣卻沒有做過的事情，讓自己一直時刻保持新鮮，像是活水一般，不斷給身體注入新的能量。

當氣息通道回到正位，話語才會暢通

我們除了有雙腳穩穩地扎在地上，給予我們支持外，其實還有另一隻「看不見的腳」，就是從頭頂一路貫穿身體核心的那條中軸，像一條看不見的管子，幫助我們連結大地，接收宇宙資訊。

我們說話時，氣息控制的起源，會從肚臍下方三根手指頭處的丹田出發，一路往上，通過聲帶時震動發出聲音，再透過胸腔、口腔、咽喉腔、鼻腔、蝶竇腔等腔室，放大聲音共鳴。氣的流動就像一顆「金蘋果」，從身體拋出後又畫了一個圓圈回來。

當我們能帶著這樣的想像，就會更了解身體的重要性，讓身體開始動起來，幫助自己好好說話。你可以試試以下幾個動作，感受一下和平時說話有什麼不同。

聲音藥單1：讓身體為你發聲

示範影片

1. 夾臀收腹：確認雙腳與肩同寬站穩後，微微出力讓腹部收進來，緊實核心肌群的力量，同時注意臀部不可翹出去，臀部肌肉也要出力夾起來。
2. 脖子回正：眼睛平視前方，注意不要壓低脖子，或是拉長脖子，讓它回到正中間，你可以背部靠著牆壁，感覺脖子和背是否有貼在一直線，同時放鬆喉嚨。
3. 檢查呼吸順暢：用三次不同深淺度的呼吸，確認傳送氣息的中軸是否都打開了，第一次呼吸到胸口，第二次到胃部，第三次再到丹田的地方。
4. 丹田發聲：說話時提起肚子的力量，讓氣息從丹田發出，你可以把手放在肚臍以下三指的地方，感覺它是否有在出力。
5. 將話語送出去：說話時的意念很重要，想著聲音像一條拋物線，傳遞給那個想溝通的對象，同時讓聲音的能量像一個漂亮的圓拋出。

希望這樣的練習，能帶你感受到身體在說話時重要性，慢慢了解到許多東西都是一體的，聲音不只是聲音，更是你的頭腦、身體和心理。當你開始想改變聲音，其實也是開始了一段豐富的自我探索與實踐之旅。

聲音藥單2：從走路練習，給自己安全感

示範影片

請各位讀者站起來，跟著我一起做個「走路練習」，來給自己安全感：

1. 找一首你聽得舒服的，輕柔緩慢的歌曲，然後穩穩站好後，視線平行看著前方，開始配合音樂的速度，一步接著一步穩穩走路。
2. 每一個步伐都要完整踩在地面，整個腳掌包含腳跟貼在地板上，感受這個地面給你的回應，感覺自己安穩地站在這裡。等一個腳掌踩穩了，再順著前進的力量提起另一隻腳，重複練習直到歌曲結束。

就是這麼簡單，沒有高深技巧，但要讓你的心沉靜下來，好好感受過去沒發現

的力量。

其實，整個身體姿態都會影響聲音，有些人上台講話時因為緊張，膝蓋跟腰部搖搖晃晃，就像鬆掉的人偶一樣，講話的施力點就無法一致，聲音當然有氣無力。

每次做這個練習，學員們都非常喜歡，因為真的能感受到這片大地在支持著你，給予安定的力量。那天政誠做完後，也頓時感覺到安心、平靜，不再一直晃動身體或左看右看，反而沉穩了下來，周圍的同學都看得出他不一樣了，我也覺得欣慰。

就像許多小孩走路總是蹦蹦跳跳，腳跟不太著地，因為他們才剛來到地球，還在適應這裡，所以姿態不安定，氣息也是飄浮的，講話的聲音總像在雲上。

而我們活在地球，就要用地球人的方式，穩穩地踩在地上，讓土地的力量也成為身體的一部分，好好走路，好好站穩，腳跟扎進大地，就是幫助我們好好說話，與擁抱自己的開始。

不再噴麥、爆音，十個方法讓麥克風成為好戰友

你是否覺得自己平常不是個拿麥克風的人，所以不需要知道麥克風的使用方法呢？但其實麥克風早就融入每個人的生活中，大家使用的手機通訊軟體中，語音留言就是麥克風的一種。所以，我們每個人每天都在使用麥克風。不論你意識到了沒有，它儼然成為日常溝通重要的環節。

每個人都應該學會使用麥克風

我常常在電影首映會時，發現一個很有趣的現象。

主持人和演員通常一拿起麥克風，就像親密戰友那樣，絲毫不懼怕，可以把麥克風掌握得很好，幫助他們說話，但導演和編劇就不一樣了。

導演平常拍戲說話都很大聲，要一直發布指令，告訴燈光師、攝影人員如何抓角度、指導演員演戲，但顯然使用麥克風就不是他的專業，常常一拿到手上，就變最熟悉的陌生人。

而編劇最厲害的是用頭腦構思劇情，動手寫文字，不是用嘴巴說話，最不習慣口語的表達，所以他們使用麥克風時，你會明顯感覺到他們很怕麥克風，總是把麥克風拿得很遠，生怕麥克風會吃了他們。但是拿得越遠，就越收不到音，心中的那個懼怕，讓麥克風始終無法靠近。

你有使用麥克風的經驗嗎？你覺得麥克風是你的好戰友，還是它經常捉弄你？在這一篇我將要教你，如何像奧斯卡主持人那樣使用麥克風，一登台就聲動全場。

聲音藥單：麥克風的使用方法

一、學會聽觀眾聽到的聲音

很多人在使用麥克風時都以為自己的聲音很宏亮，但台下的人其實都覺得很小聲。原來是因為麥克風沒有吃到聲音。

學會「聽」是使用麥克風最首要的事項：練習不只聽自己的聲音，而是要把聲音送進去麥克風，讓耳朵習慣從音響出來的那個聲音。因為，那才是聽眾真正聽到的聲音。學會先跟麥克風發出的聲音做朋友，才不會被麥克風耍得團團轉！

二、選擇拿麥克風的那隻手

你一定很好奇，到底要如何像主持人和演員一樣，對運用麥克風毫無障礙呢？首先你必須先了解這個機器，和你自己的習慣。

麥克風有很多種，我們現在先說手持的麥克風。手持的麥克風很有趣，很多人會習慣固定用左手或是右手，你在選擇的時候一定要記得，不要使用慣用手，所謂的慣用手是指，習慣手舞足蹈的那隻手、企業講師寫黑板的那隻手。比如我喜歡用右手去表達我的情緒，那我就適合用左手拿麥克風。你不要把麥克風交給會一直晃動的那隻手，這樣你的聲音就會左右左右、一下有一下沒有，收音收得非常失敗。

三、距離

與麥克風的距離應該在兩個手指頭以內。

在使用麥克風，或是我們講話時，你一定要確定耳朵有聽到自己的聲音。如果你麥克風拿得太遠，你就會發現聲音是收不到的，或是很多人都會把麥克風放在胸口，其實根本都聽不到聲音。我經常看到很多學校老師，或是比較害羞的行政人員，他們在講話的時候把麥克風拿得非常遠，幾乎收不到聲音，麥克風就變成只是他們緊張時的一根浮木，完全沒有發揮它的作用。

最適當的距離，是嘴巴離麥克風大約一個拳頭以內，這樣的收音效果是最好的。所以你看歌手演唱時，常常把麥克風貼得很近，幾乎要整個吃下去的感覺，不要害怕麥克風，這才是正確的使用方法。

四、角度

接著我們來看看，對著麥克風說話的角度，裡頭藏著什麼祕密。

一般來說，麥克風的正前方是最好的收音區，各位有機會練習時，可以對著這個收音區說話試試看，慢慢找到麥克風中間，會有個讓你聲音最好聽的「甜蜜點」。如果你的嘴巴是在麥克風圓頭側邊的話，就會收不到聲音。

各位喜歡唱歌的朋友們，這個技巧也可延伸到ＫＴＶ。當你要唱高音時，身體或頭要往上仰的時候，麥克風也必須隨著嘴巴的角度往上調整，讓嘴巴一直維持在甜蜜點。

而如果像〈One Night in Beijing〉、〈煎熬〉這類需要飆高音的歌曲，除了嘴巴要對著甜蜜點，麥克風的距離也要拉遠一點，這樣子聲音才不會爆掉，聽眾的耳朵也才不會恨你。

五、不要讓麥克風與擴音器材互衝發出噪音

當我們去聽幾百多人的大型演講時，場內的擴音器材通常架在舞台上，剛好就在講者身體左右的後方，而在小型空間則可能會藏在天花版裡，如果講者不小心太靠近擴音器，讓麥克風直對著它，便很容易發出極為尖銳「唧～～～」的聲音。

所以要成為一位專業演講者或麥克風使用者，請盡量提前到現場準備，試試麥克風的甜蜜點與安全位置，不要讓麥克風和擴音器互衝發出噪音。

六、咬字

調整咬字以防噴麥。

你用手機錄語音備忘時，會看到螢幕上像波浪似的聲波，如果你講話時都是一個字一個字的重音，那它的每一顆音波的位置就是會像鬃毛一樣，很不好看，表示這個聲音聽起來不悅耳。

可是如果你講話時，你有好好地把每一個字的字形都咬得圓潤完整，從麥克風

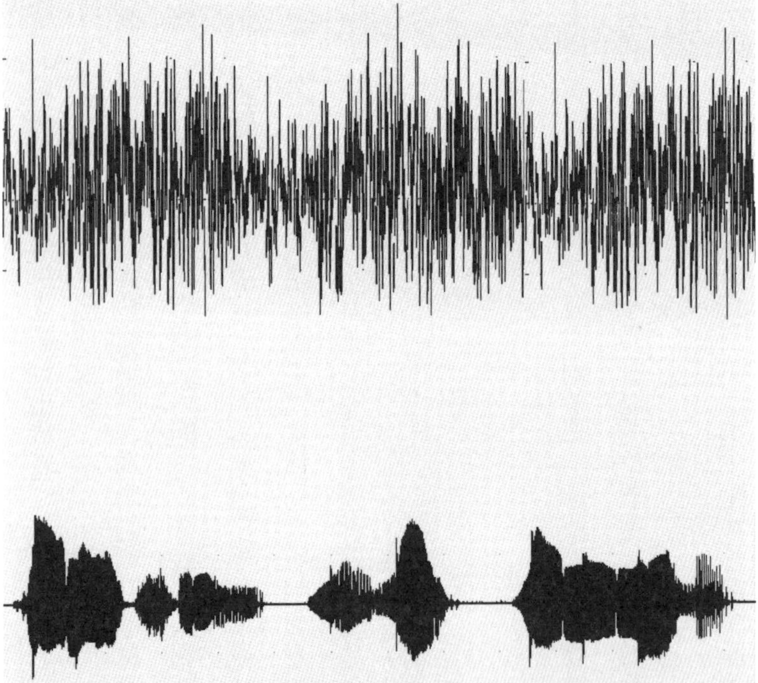

（上圖）不悅耳的聲波
（下圖）圓潤漂亮的聲波

輸出看到的音波形狀就會密集結實，所以我們聽起來的聲音也就會圓潤、漂亮。

另外當我們使用麥克風時，要小心有些特定的字容易爆音，也就是我們俗稱的「噴麥」，像「ㄅ」、「ㄊ」、「踢」、「皮」，講這些字時前面有一個噴氣的聲音，很容易讓你的聲音爆掉，聽眾會聽得不舒服。比如當我說：「新年好爆竹花開了」，你不要特別強調爆的「ㄅ」，可以ㄅ變小一點點，把後面的ㄠ變長一點，一樣可以清楚地表達出這個字。

七、調整麥克風的 treble 和 bass

在控制麥克風的音響設備上，通常會有兩個鈕：treble（高音頻），和bass（低音頻）。

如果你覺得聲音聽起來很扁很亮，那可能就是高音頻太多，要將treble鈕調小一些；若覺得聲音太銳利，少了一些音質的厚度，就換成bass鈕需要被調高，聲音才會厚重一點。

切記，演講前為了確保聲音品質，你一定要與場地相關技術人員一起做麥克風測試，才知道怎麼調出好聽的聲音。

八、開關

注意麥克風的開與關。

當你上台說話或演講時，通常會有工作人員遞麥克風，或是由前一位講者轉遞給你，你要很仔細冷靜地注意麥克風是開還是關。一般工作人員遞給你時，應該都已經是開的。

我常常看到有些講者接過麥克風沒留意，把原本打開的麥克風關掉，關了以後又「喂喂喂」或是猛敲一頓，發現沒開又再打開，讓人家覺得真是太不專業了。因此麥克風的開與關，都要特別小心。

九、平日多利用手機錄音練習

建議大家，平常就可以多多運用手機內建的語音備忘錄，練習麥克風的使用。想像你的手機就是一個麥克風，不能拿得太遠、抓好角度、注意會噴麥的咬字，隨時隨地都練習聽自己的聲音。當你習慣了自己的聲音，使用麥克風的時候才不會感到害怕。

十、儀態

有些人不習慣使用麥克風，一拿到手，頭就不自覺地低下來盯著麥克風，忘了要將眼神看著觀眾，也無意間壓到脖子，甚至是整個肩膀與背部都壓縮了下來，進而影響了聲音。所以，除了要正確的使用麥克風之外，也要注意儀態本身也是演講的一部分。

請各位記得，麥克風是我們的好朋友，希望你能夠被麥克風支援，而不是被麥克風出賣。你是它的主人，相信你會有一個很棒的麥克風使用經驗。

如何介紹自己，一開場就讓人驚豔

前面幾章，我們介紹了許多有關聲音表情技術層面的練習，但其實，聲音是用來呈現「內容」的。大家要記得的是，很多人是因為內容沒有整理好，反而讓聲音的呈現出現了種種狀況，所以聲音是呈現，內容才是真正的本質。

記得我小學一年級第一天上學，老師要我們作自我介紹：「各位小朋友早安！為了讓大家彼此認識，有沒有誰想先舉手自我介紹的呢？」

原本鬧哄哄的教室，突然鴉雀無聲，無人舉手，我不知道哪裡來的勇氣，自告奮勇舉起小小的手，然後緊張地上台，搓著手對大家說：「我叫做魏世芬。」然後就不知道要講什麼了！

這是我生平第一次的自我介紹，但還不是最失敗的一次。

記得我三十歲時，有一次遇到娛樂界的大老偉忠哥，他很誠懇地跟每一位相關的工作人員打招呼。我看著他的眼睛，微笑地自我介紹：「偉忠哥好，我是魏世芬，我做的是vocal coach，幫很多人調整聲音。」

偉忠哥問我，這份工作在台灣是不是很稀少？我對他說：「對，我是臺灣第一個開始做vocal coach的人。」接著，我其實想要開心地分享我有多熱愛我的工作，卻不知道為什麼，我突然像發瘋一樣，開始抱怨這份工作多辛苦，都沒有人理解這個工作的價值……我馬上意識到自己的失態，回到家後，後悔得不得了。

所以，就連我在面對自我介紹時，也鬧過許多笑話。

相信大家應該有很多次自我介紹的經驗吧？但是即使如此，還是有很多人不擅長，甚至害怕自我介紹。那是因為他們並沒有事先準備好將自我呈現的最佳內容，有策略地整理出來。因此這個章節，我想暫時拋開技術層面，來聊聊練習自我介紹的重要性。

聲音藥單：自我介紹的四種層次

一、兩種不同版本的介紹

通常我們要準備至少兩個版本的自我介紹，一個是正式版，一個是輕鬆版。

1. 正式版

正式版顧名思義，就是用在比較正式且官方時的自我介紹。

比如說：「我是魏世芬，我是一位聲音詮釋指導老師，我喜歡音樂，喜歡彈琴，喜歡唱歌，喜歡觀察人在不同情緒之下，發出的各種聲音。」

除了讓大家知道你是誰外，最重要的是，你必須要了解自己面對的對象是誰。透過抓住自己在這個圈子裡的定位，以及與聽眾之間的角色關係，來調整你所給予他人的資訊：哪些是他們感興趣的，哪些又是你的特色與專長？在同行裡，你的優勢是什麼？請記住，自我介紹就是一種行銷，那一刻，你就是你要行銷的產品。

另外，你也可以分享，期待自己未來可以成為什麼樣的人，完成什麼事，或是這次與大家相見的目的，希望帶給大家的影響或協助。講正式版時，你必須慎重、誠懇地看著對象，同時還要不失禮且溫和地微笑。

用不同的方法介紹自己，就會讓不認識你的人，馬上對你有個正向且清晰的印象。

2. 輕鬆版

其實，比起正式版的自我介紹，有更多時候需要輕鬆地介紹自己。像是私下的聚會、聯誼、產業交流，我們都要懂得如何幽默地打招呼。

我大學就讀西敏音樂學院，它坐落於紐澤西州的普林斯頓，是一個充滿學術風味的小鎮，走在路上不小心撞到的老人家，都有可能是諾貝爾得主。

音樂學院與普林斯頓大學只有一街之隔，所以假日時，兩邊的教授與學生會到對方的院校聆聽演講或音樂會，交流十分頻繁。我不太擅長這種自由、開放性十足的聚會，剛開始參加聚會時，總是一個人躲在角落，生怕別人對我有興趣。宴會中，常常會有一些喜歡研究東方學問的老學究，看我一個人坐冷板凳，總是會來問候我。他們的自我介紹都十分有趣，總是話中有話，帶著許多物理、化學專業名詞，而且還會用許多雙關語，玩文字遊戲，他們兼具頭腦與幽默的口才，十分有魅力。

我參加過許多音樂會，演出結束後，音樂家們會一改剛開始的正經八百，準備很多美食與甜點，招待觀眾、記者們一起參加聚會，大家一起輕鬆聊天、唱歌、跳舞、吃美食。如果在這個時候，你還是只會說自己表現得多好，拿了多少獎，大家就會覺得你只能夠講一些跟自己有關的成就，不太知道怎麼跟人家互動，那麼你或許可能就失去了一次交朋友的機會。

所以，透過幽默的自我介紹來創造話題，才會讓人印象深刻。你可以回想一下，過去做過最瘋狂的事、最糗的事，有什麼與眾不同的癖好與興趣，或是最近看過的書與電影，抑或是你看待這個世界獨特的觀點，都能讓人為之一亮喔！

二、別人眼中的我

如果，你已經為你的自我介紹做好萬全的準備，還是失敗了呢？會不會有可能，並不是你的聲音、你的內容有問題，而是你真的不夠了解自己，所以沒辦法很好地呈現出自己？

除了自我介紹的內容之外，為了讓站在台上的你更有力道，我們必須做第二個層次的訓練，思考什麼是「別人眼中的我」。別人怎麼看我、爸媽怎麼看我、同學怎麼看我、老師、長輩，還有那些我在乎的人，我在他們眼中是怎樣的人。

有個學員跟我分享，他十分好奇自己在別人眼中究竟是個怎麼樣的人，於是就做了田野調查，向他父母、老師、朋友、同事都問了一遍。他發現，有很多的特質與魅力是自己從沒想到過的，他覺得這樣的體驗讓自己收到了一份禮物。可是有一天，他無意間從別人口中聽到了自己的另一些特質，那些特質讓他心裡不是很舒服，於是他開始納悶，究竟哪些是真的，哪些是假的呢？

雖然說，我們要將自己變為旁觀者，透過別人去審視自己究竟是什麼樣的人。然而，也要記得別被他人眼中的我所侷限，忘記了去思考，自己究竟是什麼樣子的人。

三、現在的我與以前的我

第三個層次的練習，你可以觀察：「現在的我，跟以前的我，有什麼不同？」比如以前的我，比較銳利，因為怕被傷害，所以若有人想要用言語攻擊我，或是對我產生質疑，防衛心一起，我就會直接反擊，或說出一些比較重、比較難聽的話，強力地攻擊回去。過了這麼多年，我學習跟自己的不安相處，也比較能觀察對方的狀態，了解他為什麼講出這些難聽的話，可能是他太累了，或者是他有什麼情緒在心裡面，我就比較不會對號入座。

因此遇到講話很難聽的人，我不會再像以前一樣，用犀利的話去反擊，反而更冷靜地觀察或關心他到底發生什麼事情，因此現在的朋友跟我相處，都覺得我很溫暖。

這就是我改變的故事。而各位，你自己的呢？

四、未來的我（社會新鮮人必備）

第四個層次是，在自我介紹裡，你可以說說「自己心中期待的樣子」。就像我會期待自己要柔軟、幽默，為什麼呢？因為我很容易為了雞毛蒜皮的小事不開心，像是上台演奏鋼琴時，覺得空間溫度不對就生氣，讓別人和我相處時感到戰戰兢兢，壓力很大。因此我期待自己要柔軟一點，不要讓人家不舒服。

更重要的是我期待自己要有幽默感，因為這代表著我了解並接受自己的缺點，然後用這些缺點幽自己一默，跟它產生某種相處的樂趣，就不會因為別人一講到在意的缺點，立刻爆炸。比如說我很愛吃又圓滾滾，當有人說我胖時，我就會說：「你不懂，我是很有享受美食的福氣！」

我覺得跟別人自我介紹時，應該是要讓人感受到，我做這個工作很有希望、熱誠，並樂在其中，積極面對處境的樣子，對方才會覺得你能力好，是一個有趣的人。

所以六年後，當我再次遇到偉忠哥，他還記得我，我重新整理了自我介紹，開心地分享工作上各種趣事，讓這次談話交流自在而順暢。他也覺得我變得更成熟，更棒了。

你認得過去的自己，了解現在的自己，並且能夠想像未來的自己嗎？好的自我介紹來自於長期的自我觀察、自我對話。好好整理自己的故事，你一定會發現，開始慢慢更了解自己，而且在介紹與訴說自我的過程中，感受到內在支持著你，唯有連自己都能被自己說服的自我介紹，才有可能向他人展現出更堅定且有魅力的自己。

眼神就是你的靈魂，讓觀眾感覺獨一無二

眼睛是靈魂之窗，你覺得別人從你的眼睛裡，看到的是什麼？勇敢、有活力、負責任？還是畏畏縮縮、虛弱、逃避？

雖然這本書是要教大家如何正確使用聲音，但「眼睛」所能夠帶動的情緒、傳達力，並不亞於聲音。就算你演講時聲音語氣再怎麼斬釘截鐵、內容別樹一幟，若眼神飄忽不定，觀眾依然會感到不安或疑惑，那麼這場演講還是失敗了。因此，眼神與聲音的和諧一致是十分重要的。

上台講話的時候，你是不是常常不知道眼睛要往哪裡看，不知所措，心裡有點慌？這些眼神所投射呈現出的表情，包含對焦、視野遠近、眨眼速度，往往影響聽

眾的感受與專注度，進而影響你的表現。你的自信會從眼神中投射，換句話說，你的沒有自信也會投射出來；你的誠懇會從眼神中投射出來，你的不誠懇也絕對騙不了人，是聲音無法掩飾的。

有天我接到了一通電話，一位媽媽打來告訴我，她的小孩很害羞，不太會表達自己的情感，老師跟他說話他也不回應，在學校經常被霸凌。因此媽媽想問有沒有方法可以協助他和同學互動，改善他的交友問題。

我一見到這個孩子，發現他的眼神非常散漫，而且一直在恍神。聲音也聽起來含糊不清，跟他說話的時候，他不敢看我，眼神會不停閃爍，無法對焦，好像做錯事的孩子。他的眼睛百分之七十的時間都在看地上，眼神會左右掃射，好像車窗上的雨刷。難怪同學不太喜歡與他互動，因為從那個眼神裡看不見他真實的反應，他總是不表態，同學自然覺得他好欺負。

聲音藥單：讓眼睛像攝影機一樣專注環顧

一、看著對方的眼睛或眉心

在與人交談時，對方一定會希望你能夠放下手邊的事，真心誠意地聆聽。

很多人都知道，在跟他人說話時，要懂得看著對方的眼睛。結果，很多人為了表示誠懇就做過了頭，這時候對方只會感覺到咄咄逼人的壓迫感。

在甄選時，有些新人演員常常為了展現企圖心和想解決眼神飄忽不定，就死瞪著面試官，其實這樣反而會給他人造成壓力與尷尬，無心看他的表演。而一個有經驗的演員在對戲時，就知道所謂「對視」，其實是盯著對方的眉心或眼睛周圍看。

所以一個好的演講者、溝通者，會懂得運用眼神的技巧，知道什麼時候應該要給對方視線，什麼時候則該移開視線，給他人留空間。

你可以偶爾看看他的眼睛，偶爾看著他兩條眉毛中間再上面一點的位置，或是鼻尖，對方會感到你是尊重且有在注意他的，但不會有壓迫感。

除了望著對方之外，不要忽略打開你心裡的感受、打開你的耳朵去聆聽他的聲音，打開你整個人的能量場去擁抱對方。不用擔心技術面，只要夠誠懇去擁抱而傾聽對方時，你的眼神就會自動流露出那份誠意，無須掩飾。

二、照顧注視中間左右的觀眾

如果對象不只一個人，而是一群人，那你可以從中間的那一群開始，或是從聽眾裡挑出眼神最專注、最誠懇的那一位，先與他眼神交流，然後慢慢去回應、照顧一下左右兩邊的人，這樣擴散你的視線。

美國歷任總統，像是柯林頓和歐巴馬，他們的演講風采都凌駕於千萬人之上。曾經有人訪問柯林頓：「為什麼你隨時都可以掌握一兩萬人的演講？不管是電視上或是現場的萬人演講，為什麼都魅力無限？」柯林頓回答：「我上台對大家致意完後，每一次就對著一個人說話。講完了一句之後，我會再換另外一個人，所以每一個人都會認為，他在我的心目中是獨一無二的。」

英國女星艾瑪・華森，在二〇一四年被欽點為聯合國婦女署的全球親善大使，發表了兩性平權演講，你從她的眼神可以感受到，她非常堅信自己傳達的信念。起初她有些緊張，氣卡在上半身以及喉頭，眼神只落在左半邊的觀眾。一分半鐘後，當她慢慢開始掌握現場氛圍，就開始平衡左右兩邊的眼神，去照顧到眼前所有的觀眾，整個人充滿了自信的光芒。

一位聰明的演講者，在面對台下十個觀眾裡面，只有兩個人是專心時，會先看著他們，並從他們身上提取自信心，接著，再轉而將能量給予其他八個人，最後讓十個人都專注在自己身上。反之，若我們一開始就為那些不專心的八個人感到焦慮，很可能最後導致那專心了兩個人也會因此開始分心，造成了失敗的局面。

所以上臺時，可以注意自己比較習慣的眼神落腳處，等到緊張過去後，再提醒自己去照顧不同區域的觀眾。

三、用攝影的角度來想像視線

演講也是一種表演，眼神就是展現戲感最好的武器，不管是柯林頓或是艾瑪・

華森，他們都能善用自己的眼神，像一台攝影機去運鏡，自由移動，拉遠拉近，根據內容去投射視線的畫面感。

一開始練習時，你可以想像眼前有一個立體的九宮格，橫的上中下三排，直的左中右三排，並且可以隨時調整遠近。當你講到遠方有一座漂亮的山，可以看九宮格最上面最右邊那一格，如果你想要形容有一片翻紅的葉子落到你手上，你可以一邊用言語描述，一邊將眼神慢慢拉近到九宮格的正中間，更近距離看這片葉子，大家就可以從你的眼神感受這片葉子由遠飄近的精緻、美好。九宮格中產生的畫面是連續的，因此要去調整眼神跟故事內容之間的先後順序，究竟是眼神先看到畫面，還是先將故事說完，才看到的畫面。

另外要特別注意的是，眼神的移動，最好是在視線透射的格子左右或上下的臨近格。話題有反轉或是要突然調整節奏，才可以「跳格」，否則眼神跨度太大，容易給人某種精神亢奮，或是焦慮不安的感覺。

歌唱節目裡的歌手，都懂得拿捏眼神也是表演的一環。他們不會整首歌都閉著眼睛，不願意跟觀眾有交流。而是會適時地睜眼，想像著跟歌曲有關的畫面。閉眼，則是因為沉浸在歌曲中所擁有的一種反應。

眼神能夠塑造畫面，還能透過睜眼、閉眼、眨眼的頻率來調整情感與節奏感，在調配整場演講的呼吸的同時，請記得眼神也是其中一個工具，若能夠妥善使用，將會使演講更加精彩。

四、眨眼、眉毛、微笑一起搭配

眨眼的速度，透露著不同的訊息，假如你不斷眨眼，看起來就會有點心虛、不確定，害怕的感覺；如果你眼睛眨得很慢，人家會覺得你有種傲慢的睥睨感。

眉毛也會說話，當眉毛往上，聽你說話的人會覺得你看起來有笑容，有希望；眉毛一下一上，就會呈現懷疑的表情，當講到一些懸疑離奇的故事時，可以刻意擺出這個表情；眉毛如果都往下垂，就表示沮喪，不帶任何希望。

除此之外，建議在說話時，都要稍微帶著點微笑，嘴不用張太開，牙齒不用露太多，微微地笑，別人就可以感受到你對他講話時的專注和支持。

五、對著鏡子練習聚焦眼神

示範音檔

我們上台時，最大的敵人其實就是自己，如果你覺得自己準備得不夠充分，不夠有信心，你的眼神就會馬上反應出來。

我們可以拿著鏡子練習，看著鏡子裡面的自己，你看到了什麼？你先看到自己的缺點嗎？像是臉上的痘痘、疤痕，還是你看到左邊的臉跟右邊臉不一樣大？我和一些樂觀的人工作時，發現他們從鏡子裡會先看到的是自己的優點，而不是缺點。

你可以一邊看著鏡子，將你的眼神對焦，一邊回想不同時期的自己。比如剛上幼稚園的第一天，你是很開心地上學，還是哭哭啼啼不想離開家？十歲的你坐在小學的教室裡，聽著老師上課，那時的你心裡在想什麼呢？上了國中跟高中，開始有更重的課業壓力與考試，有誰陪你度過難關，你又是怎麼帶領自己穿越挑戰的呢？

到了十八歲上大學了，讀的是你喜歡的科系嗎？畢業後，你是以什麼專業、什麼姿態在服務這個世界，並且讓自己怎麼發光發熱？一路到現在，你喜歡自己什麼，不喜歡自己什麼，期待活出怎樣的人生呢？

我也曾經有段時間很怕上台，每次演講從幕後走出來，面對千千萬萬個眼神，我腦中就會出現很多焦慮：「我等一下會不會講錯？」「我哪個地方是不是準備不夠好？」「他們會不會覺得我很無聊？」但當我靜下來問自己，怕的到底是什麼？發現其實我怕的不是別人，正是我自己。

經過了這個鏡子練習，當我在演講時看到觀眾們的眼神，我就會把他們轉換成不同年紀的我、經歷過各種歷練的我、未來的我、過去的我，想像他們正送給現在站在台上的我，很多溫暖與支持，漸漸就不再害怕，更有自信站在大家面前了。

眼神的誠懇不是練來的，其實心誠懇時，眼神就會自然而然地出來。只要你有勇氣面對自己的眼神，只要你願意誠實面對自己的所有，不管好的、壞的、喜歡的、討厭的，那都能轉化為我們生命的力量，陪伴我們在各種時刻更加堅定。

善用肢體傳遞能量，你就是熱力四射的演講者

不知道大家身邊有沒有類似的人，明明能幹精明、相貌堂堂，但是卻喜歡拖著腳或是踮著腳跟走路，手的小動作特別多，總是不安地亂甩或是擺放著。

我跟許多音樂劇演員工作時，除了與他們一起研究角色的聲音線條、情感，練習歌唱技巧之外，還會要求演員的肢體不要浮躁而無意義地晃動，一方面是因為晃動的雙腳無法讓身體扎根於地，影響了聲音的呈現。另一方面是因為，每一個動作的出現都代表角色的一部分，因此一點不屬於角色的小碎動，都有可能誤導觀眾，也干擾了畫面的乾淨度。

從觀眾的角度來看，講者在台上的肢體表現，看起來自信、優雅的樣子，有著

決定性的影響。

聲音藥單：肢體傳達出的言外之意

你可能不知道，你的信念、思維、想法和所有想傳達的訊息，其實在還沒有開口，你剛走上台的那一剎那就開始散發了。你的站姿、手勢、胸口、面部表情、對空間的掌握，和對觀眾的回應度，都會影響你演講時候的說服力，並決定是否可以成功吸引觀眾進入你的演講世界。

一、胸口：展現自信的珠寶台

我在第一部分已經提過，擁有挺拔而自信的珠寶台，才能夠將聲音傳得又亮又遠。將胸口微微撐開，肩膀放鬆，就像是帶了漂亮的珠寶一樣，讓台下的人看到你，就會立刻讓人覺得你是個充滿自信、胸有成竹的演講者，讓人覺得，你接下來講的東西一定很有價值、很專業。

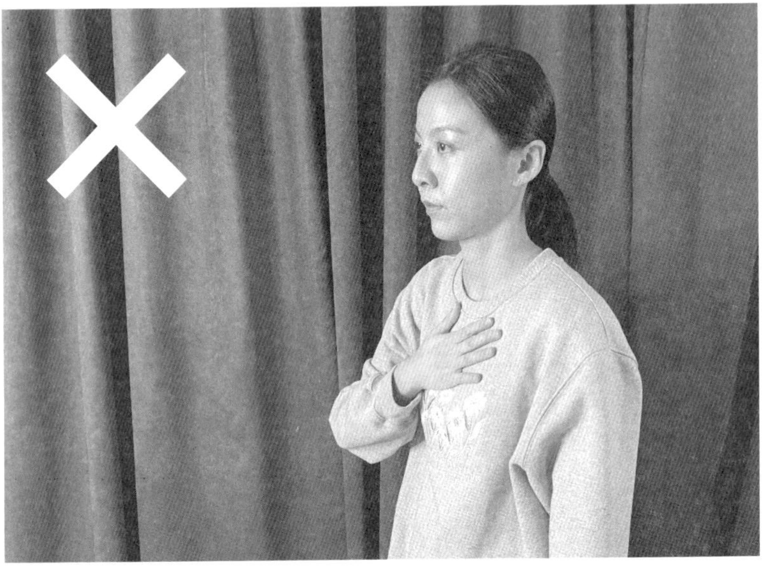

二、側身：像一棵挺拔有力的大樹

很多人都覺得，演講只要顧及到正面的形象就好。所以就忘記了側身的重要性，側身也是會被一直觀察到的姿態，無論是走動時，還是寫黑板時，都是觀眾會看到的「視覺」。

你可以照鏡子，看一下你側面的身體，肚子有沒有往前頂，有沒有因為胸口抬起來，就不自覺地凹腰，把屁股翹了起來，胸口到肩膀這塊是往內縮了，還是長期垮著？一些生過孩子的媽媽，因為長期抱小孩的緣故，左右胯部會凸出來，長期下來也導致身體的歪斜變形。觀察你的側身，可以看出你對待外面的世界，是開啟的狀態，還是頹喪地往下，呈現一種閉鎖的狀態。

也請回想我們在第一部分講過的，穩穩地站好腳步，收腰縮小腹，讓身體的氣管打直通暢，展示出一個挺拔有力的身形。

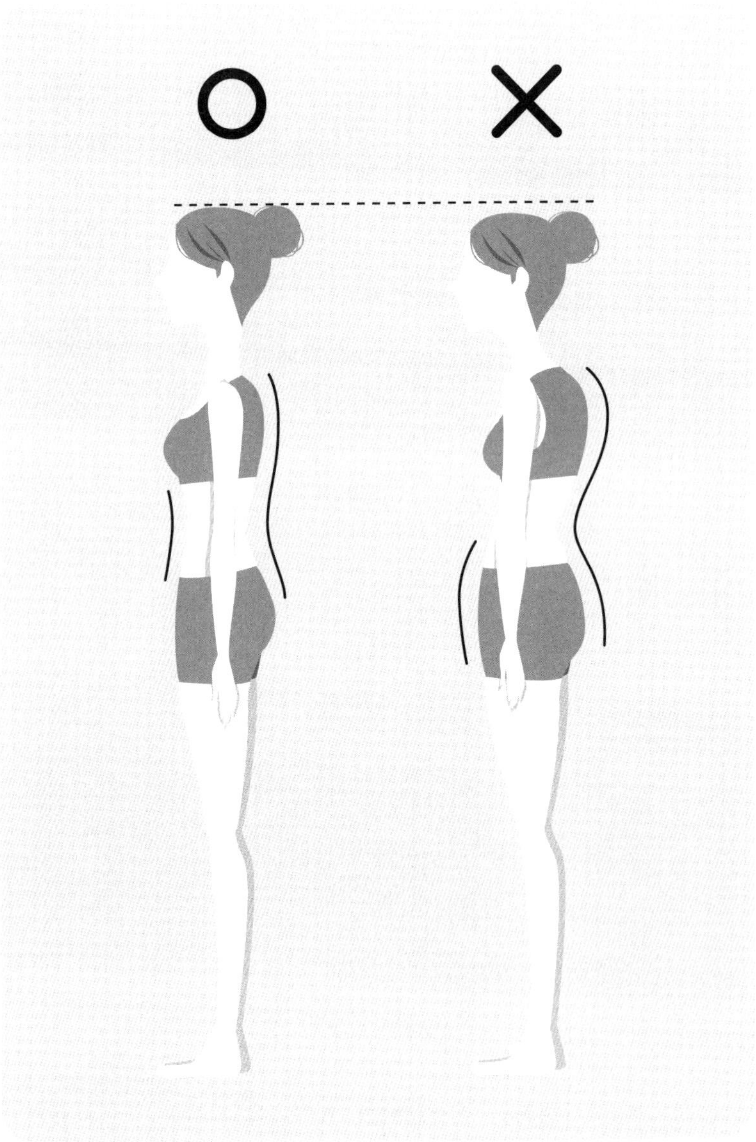

三、手：用四種手勢邀請觀眾

許多人上台時，都不知道手到底要怎麼擺才好。有的人習慣交叉在胸前，這會讓人覺得過於防備；有的人不停地夾著自己的身體，讓人覺得到不安，這些都是隱隱在告訴觀眾：「我現在很緊張，我還沒有準備好，我無法邀請你進來聽我說話。」

私下練習時，你可以抓一下自己習慣的角度，比如將臉朝上，對著天空打開兩隻手，好像你在祈禱或歡呼的樣子。手整個打開以後，自然地讓他慢慢垂下來，這時手才是自然垂放，不會夾著你的身體，讓你動彈不得。

演講時，你的手要非常自由，沒有束縛，所以最好放下筆、小抄、筆記本，只剩一只麥克風。也不要插口袋，讓人覺得這個講者有一點太隨便，以為你並沒有重視他。

那要怎麼邀請你的觀眾，進來你的場域呢？你可以透過四種手勢來引導觀眾。

1. 描述性手勢

描述性的手勢像是：「請大家往黑板這邊看，這裡有第一條、第二條、第三條、第四條。」或是「我現在解說正方形特性，它有幾個邊，角度是多少。」這樣描述概念時，輔助用的手勢。

2. 指引性手勢

指引性手勢，是明確地請大家跟著你的手勢，做出對應的動作，像是交通指揮。

做指引性的手勢，你要記得我們是在邀請人家往哪邊移動，請盡量避免用手指，那會讓人覺得有一種被冒犯的感覺。使用指引性的手勢，將手掌打開向上是最理想的，注意手勢的小細節，可以讓你在演講的過程中更流暢，更不費力。

3. 情緒性手勢

當你在講一段很有感覺的故事，你的手自然地會有些姿勢，去表現當下的感受，這就是情緒性手勢。比方說談到一些很開心的場景，你的手指就會自然張開；如果說到誰欺負了誰，你的手就會握拳。你要多讓自己內心的感受能順暢表達，才能夠自然地運用手勢溝通。

4. 帶動性手勢

最後一個帶動性的手勢，就是像：「請你跟我一起這樣做。」「請你把手舉起來。」這類的手勢，有加強、帶動鼓舞的效果。

或是當你要在演講中做一個強而有力的結論：「讓我們的聲音響徹天空，把和平的信念傳給全世界吧！」你就可以用帶動性手勢，把你的熱情傳送出去，整個演講的能量就能在最後一刻，毫無保留地傳遞給觀眾。

四、腳：向下扎根好好站穩

在演講時，要避免身體的僵化。你要很確定你的腳是站穩、往下扎根的狀態，並且與肩同寬。如果腳開得太小，其實上面的身體會很難活動，很容易就被束縛住。腳掌跟腳趾不要向內，有點微微地向外，這樣重心才會夠穩定。最後，你要鎖緊膝蓋和髖關節，不要讓身體晃動，影響了你講話的力量。

身體與聲音的結合

許多人可能有一樣的疑問，馬友友為何在演奏大提琴時，連表情都如此地有音樂性呢？其實，那是因為他先在腦海裡出現了畫面，心中產生了情緒的流動，再用表情去呈現音樂色彩的層次，將琴聲拉得更加動人，透過演奏出的音樂，讓自己身心靈都沉浸其中，使他的表情越發豐富。就是透過這樣的相互影響，進而將自己的情緒與琴聲徹底融合，將音樂昇華到另外一個層次。

就是這樣一次次地，從心理帶動生理，而生理又帶動心理的相互影響，才能夠成就出如此令人驚豔的表演。

所以，在傳達一個的訊息時，唯有聲音、眼神、表情、肢體相輔相成，才足夠具有說服力。

讓演講熱力加倍傳遞

演講其實就是一種表演，你若想要展現強烈的熱力，就要在台上練習「加倍熱度」。假如平常你這個人的熱度是百分之五十，上臺時就要把自己開到百分之百～一百二十，才能夠微微把臺下的觀眾帶到百分之六十～八十；如果你沒有把能量全開，還是用百分之五十熱度的話，觀眾大概只會感受到你百分之三十的能量而已。

安東尼・羅賓斯（Anthony Robbins）是一位美國激勵大師。每年全世界都有人專程飛到美國去聽他的演講，就連黛安娜王妃、前南非總統曼德拉等許多知名人物都曾接受過他一對一的指導。安東尼・羅賓斯在演講的時候，能量幾乎都開到兩百，他提倡正面地面對生命中的各種困境，鼓勵每個人要主動行動，要「Say Yes」。不管同樣的主題講了幾千次，安東尼・羅賓斯每次都用溫暖熱情的聲音和肢體，百分之百傳達他的熱力，激勵了聽眾，也改變很多人的困境，甚至給人一個新的生命方向。

其實，所有的公開演講者都應該像安東尼・羅賓斯，每一次的上台都要像是第一次、也是唯一一次、更是最後一次淋漓盡致的表現。

期待你也能透過一次次的練習，在每一個舞台上自在揮灑，成為熱力四射的演講者，閃耀在每位觀眾的心中。

打造杜比環繞氣場，成為矚目焦點

現代人常常流行說：「這個人氣場好強。」究竟什麼是氣場？演講者的氣場又是怎麼來的呢？

有公開演講或授課經驗的人都知道，台上的講者看起來只是在說話，但其實他的內在相當忙碌，早就打開了很多隱形視窗，在頭腦、聲音、眼神、肢體等多個環節，隨時檢查自己是不是有面面俱到。

這些視窗很像我們在開飛機時，眼前的各種儀表板——你必須要留意氣壓、高度、速度，距離目的地有多遠，飛了多久等等。機長要同時掌握這麼多視窗，才能夠保持飛機完美地在天上飛翔，不會掉下來。

所以，我認為演講的時候需要打開三種覺察視窗——傳、送、達。

傳，是指你傳出去的音質；送，是指你送出去的聲音表情；達，則是確定你的聲音、表情有沒有成功到達觀眾的耳朵，觀眾有沒有聽見你說的話。

聲音藥單：聲音的傳、送、達

一、傳：你發出的音質是否悅耳？

還記得第一部分我們講到的聲帶使用、傳送音質技巧嗎？

1. 你說話的聲音是圓潤的，還是低扁的？你的嘴唇、牙齒、舌頭、上下顎有沒有好好做出適合的口型與咬字？
2. 你感覺你說話時，喉嚨的位置是往前拉、往下壓，還是你是擺在中間，發出飽足、圓潤的聲音？
3. 你有感覺到說話時的呼吸狀況嗎？你的氣息是很低很憋，還是非常流暢，可以隨時自然地呼吸？

4. 你說話時會運氣嗎？一句話裡會不會拆分成兩個字、三個字的單位，讓自己有換氣的時機，並隨時調整到對的狀態？

二、送：你的聲音表情夠具吸引力嗎？

1. 你送出去的聲音表情，是清楚充滿重點，或是平淡含糊呢？
2. 你講話時，會自己把句子劃重點，幫字詞分組，並且有語調、有節奏嗎？有高、有低、有快、有慢，才能抓住大家的耳朵。
3. 你說話的眼神、肢體、表情，是讓你更有魅力，還是讓人覺得你這個人好僵硬、無聊呢？

三、達：

你說話的時候，除了腦袋裡要講的話以外，心中有觀眾嗎？因為說話是說給別人聽的，所以你要特別留意聽眾的反應，在觀眾的情緒流動之間，善用你的聲音和表演，去帶動全場氣氛。

1. 幫聽眾暖身

我在演講開始前十五分鐘，都會固定放一些柔和的音樂，幫助講者，也幫助觀眾慢慢地進入狀況，收拾自己的心。

所以你演講前，也要安排一些問候語或日常對話來暖身，想辦法讓大家專注進入你的主題：你今天為什麼來到這裡，即將要跟大家分享什麼？或是安排這場講座的主辦人，為什麼會邀請你過來？來到這裡的路上，有沒有發生什麼有趣的事？或是問一問觀眾，他們今天的狀態如何？

2. 你有收視率嗎？

還記得之前提到過的來自新加坡的CEO嗎？當他來台灣做CEO，上台做報告時發現，台下的員工很容易恍神，好像需要某種「衝衝衝！」的能量，才能喚醒大家。這時，他才意識到自己講話沒有收視率。

聲音是一種奇妙訊息，有時候我們閉上眼睛，不用看見對方的臉，透過聲音的高低起伏，你就能知道他現在的狀態如何。回想看看，當你上台報告，或者是跟一群朋友聊天的時候，台下的人會不會馬上就想「轉台」？大家能夠專心在你聲音上是四十五秒、一分半、三分鐘，或是可以到一個小時嗎？還是你的聲音太平淡了，完全沒有表情、沒有吸引力，大家總是左耳進、右耳出？

當聽眾感受不到你話語中，想要分享的動力或是熱情，雖然眼睛看著你，耳朵卻早已放棄，進入自己的世界了。

所以擁有表情與語調，就是提升聲音收視率的方法之一。

3. 聽眾跟上你了嗎？

你說話的時候，是很興奮地自己一路衝到底，還是等待聽眾接收到你的話後，才繼續往下走？

有些人在台上講話的時候，因為太過緊張或是太忘我，明明是一個問句，他不等人回應，或讓聽眾有時間可以思考，就不停地往前衝，把所有問題通通都丟出來，人家根本不知道怎麼回答。

所以說話時，要去思考你講出來的話，對方真的聽到了嗎？他有沒有答案？他用什麼方式回應你？微微等待一秒，你可以看一下對方，就會知道他的反應是什麼，藉此適度調整自己。

4. 聽眾飄走了嗎？

剛剛我們討論的是聽眾有沒有跟上你，還有一種狀況是，聽眾飄走了怎麼辦？有時候在我的聲音工作坊，會輪流讓大家做口語練習，有些人一拿到麥克風就不肯放下，滔滔不絕地說著自己的事，而且可能重複講同樣的主題，這時你會發現台下的聽眾開始撥頭髮、滑手機。所以你要隨時注意觀眾的反應，如果他開始出現細瑣的小動作，那就代表他對你的話題沒興趣了，這時你要讓話題的節奏更快一點。

那怎麼在一開始就避免聽眾飄走？你可以把目光先落在對你比較多微笑、眼神交流，或是點頭互動，比較鼓勵我們的群眾這邊，讓自己建立信心。等過了三分鐘，你覺得這個互動已經足夠了，就可以慢慢將目光移向比較沒有反應的觀眾，對他們傳送能量，關切他們的存在。如果你只偏重某一個地區的觀眾，其他沒有被關注到的聽眾就會很容易睡著，腦袋就不曉得飛到哪裡去了。

5. 不要被冷面聽眾影響

有些人會容易因觀眾的反應而影響自己的表現，但其實有些觀眾本來就是冷冷的，你講任何笑話都沒有什麼反應，那不代表他沒興趣，只是他本來就比較不太會彰顯他的情緒。

我經常做公眾的教學和演講，經由我長時間的觀察，發現其實有很多比較安靜、比較沒有反應的群眾，他未必是不喜歡你的演講。如果認定你講的是對的，內容有感動到他，他心裡就會認同你，反而有一些比較活潑外向的聽眾，他可能看到每一個演講者都同樣地興奮。

所以不要因你的觀眾喜不喜歡，而改變你演講的熱度。

6. 製造出杜比環繞音效的氣場

去電影院的時候，有沒有發現他們非常強調：「杜比環繞音效 all around you！」聲音從四面八方出來，產生立體環繞音效。我們在演講時，也要為自己製造出杜比環繞音效的氣場。

當你在台上演講，從走出來的氣質、步伐的堅定感、眼神的光亮，就要讓人家覺得你是在傳、送、達給在場的一百個人、五百個人、一千個人、一萬個人。以你為中心，向你的前後左右發出震懾人心的感染力，不斷地拋出去，聽眾接收到後又傳回給你，這樣一波接一波，如同一個巨大的能量球，把所有的聽眾都包進來。用你堅定的信仰，熱情的話語帶動他們，往今天演講的高潮走。

看完這一篇，相信你已經知道怎麼讓自己的訊息飽滿地傳達，並且收服全場。請記得確實做到傳、送、達，將聲音傳出去，注意自己送出去的表情，敏銳地掌握觀眾的反應，打造杜比環繞音效 all around you 的氣場。希望大家能越來越享受上台的經驗，讓自己的魅力無限！

PART

4

釋放內在的真實之聲

人在江湖，「聲」不由己？

——職場的溝通之道

職場是一個需要大量溝通的地方，偏偏我們常常因為各種因素，說不出真正想講的話、言不由衷，或甚至變成了另一個自己平常不熟悉的樣子。

我在藝術圈工作的前幾年，常常「人格分裂」，在指導演員們的聲音表演，或與同輩一起工作時，總能和他們嬉笑怒罵，玩成一片，絲毫沒有任何顧忌；但當碰到導演或監製那樣的權威者，我就會變成一個很凶悍的人，突然板起一張臉，刻意壓底嗓音，像穿上剛硬的鎧甲與他們戰鬥，常常用硬碰硬的方式跟他們吵架，但他們往往也不會聽進我的建議。

直到有一天，我看見另一位女同事對導演提出和我相似的建議，但是用撒嬌的方式說：「哎呀李大哥，你這樣不對啦，應該要這樣子改！」明明被指正的地方一樣，導演昨天還跟我爭得面紅耳赤，今天卻傻傻地笑說：「是喔，那我想想看。」

我發現私底下的我，其實就跟那位女同事一樣，能夠輕鬆自在地跟人笑鬧，用幽默的方式提出建議，但為什麼到了權威者面前，我就變成一個不願柔軟的人呢？後來我仔細想想，也許是和我潛意識有關。

我永遠記得讀高中時，柏林愛樂才鄭重宣佈他們招收了第一位女性團員，當時，我對這種情況不滿的情緒，轉移到了我日後在工作上的表現。確實，我知道女性在藝術圈的位置不高，居高位者仍多是男性，這樣的情緒無形之中潛藏在我的意識裡，竟然形成了一個隱形地雷。我戴上了未必需要的盔甲，在我遇到強權的時候，總是用不好的口氣、音調與言論，潛意識竟然迫使我無法自在地做自己。

工作之於我們，就像一個你向世界展現自己是誰的舞台，證明了你是一個怎麼樣的人，可是有時台上還有其他表演者，你並無法一枝獨秀。

被主管砍斷聲音的資深員工

雅婷是一位畫廊的藝術經理人，負責國內外畫作的買賣，曾經在法國留學的她，有著非常高的作品敏銳度，可以預測哪位畫家即將火紅，事先幫老闆下投資，常動不動就為老闆賺進百萬利潤，是老闆得意的員工。

但雅婷的上層還有一位主管，他非常不喜歡雅婷，總是偷偷打壓她。雅婷知道，主管是怕她能力太強，讓他在老闆面前顯得沒面子，才這樣對待她。然而，她在應對時，還是不知道怎麼據理力爭，方寸大亂。

我聽雅婷的聲音，就知道她肯定常常暴露在被高度懷疑的狀況，因為她的嗓音沙啞低沉，氣息都飄在半空而且不通順，無法直線前行，但她為了怕別人不聽她說話，又用很快的語速，忽大忽小的聲音，力量截斷在上半身，下半身飄忽無力。這樣的聲音常讓我很擔心，代表她無法好好利用核心肌群，身體健康很可能出了問題，再如此下去也許就要生大病了。

我請雅婷注意調整聲音的氣息，穩定氣的量與母音的長度，多練發聲，同時要練習氣功、深蹲，甚至是坐樁，把下盤的力量穩穩訓練起來。幾個禮拜後她說，自己經過練習，知道了說話時要試著運氣，然後慢慢地把話都說完，「雖然講的速度比平時還要慢，但是主管卻願意聽我把話說完，而且不會發怒，甚至還願意繼續聽我企劃案接下來的內容了！」

這就是好好說話時，能產生的奇妙影響，讓原本就對你有偏見，又不喜歡聽你講話的人，改變原先對你的態度。

極速溝通的速食店經理

有別於受雇者，當你是老闆或管理職位時，就要注意不同的狀況。

佳瑋是知名速食店的經理，思緒和動作都相當敏捷，眼明手快，天生比其他人聰穎。當她還是小職員時就常提前完成工作，然後自己找事做，就像一個高速旋轉的陀螺，無法了解他人為什麼這麼慢。

聽佳瑋講話就像機關槍一直「噠噠噠噠噠」，我問她：「你覺得其他人都很笨，對嗎？」「對啊，笨死了！」一顆子彈又立刻飛出來。「我覺得很奇怪啊！他們怎麼都聽不懂？」吐露了她在溝通上的困擾。

從她的語速、咬字、說話內容，在在顯示她是個思緒高速運轉且十分聰明的人，不過，正因為有非常多想要傳遞的訊息，導致她害怕遺忘，而以一種近乎「噴發」的方式，一次噴完所有的話。對聽的人來說，卻像突然被炸到，資訊量實在太多太大。

「對耶！有人會說我動作太快了，他們跟不上。」在一個練習之後她發現了自己太快的事實。我跟她分享，我曾指導過一位殘疾游泳選手，他的大腿以下被截斷，所以裝上了義肢，平時他喜歡長一點的義肢，能讓他跟一般人一樣站得高高的，但有一次當他受邀去學校演講，他就選了比較短的義肢，讓自己站在跟孩子一樣的高度說話。

聰明、思考速度快，本身就是不可多得的天賦，然而要對不同領域的人轉達自己熟悉的事，難免會一不小心就快起來，這時就是發揮智慧與體貼的時候，善用聆聽、調整自己的說話節奏，才能讓人接收到自己那些寶貴的經驗。

聽不見客人需求的書店職員

在職場上，我們也時常扮演著服務客人的角色。

詠潔坐在聲音工作坊的一角，眼睛睜得大大的，惶恐地看著周圍，當我問她為什麼會來，她慢了五拍才發出扁而小的聲音說：「我在書店工作，每次客人來找書，他們都聽不到我的聲音，說了很多次還是聽不懂。」

我完全可以想像客人的感受，詠潔就像平時只住在自己的國度，已經不知道神遊到靈界第幾層的那種，人們必須費很大的力氣，才能把她從異世界領出來。

我請她舉了幾個與客人互動的例子：

客人：「請問××書在哪裡？」

詠潔：「在左轉……右邊書架……上……第幾櫃……第……幾排的位置……」

客人：「蛤？聽不懂。」

詠潔再說一次，客人還是搖頭。

詠潔重複第三次，客人還是搖頭，開始翻白眼。

詠潔重度懷疑自己說話的闡述能力，於是老闆才送她來上聲音課。

我慢慢觀察詠潔敘述故事的眼神、手勢、身體，不與人對焦、肩膀下垂、手藏在口袋，還未拋出去就哽在喉嚨的聲音，發現她比較喜歡在腦中形成思想文字，很像外星人直接發出某一個意念，不喜歡用嘴巴造音造字，不習慣用身體去向外表達，但在內心的世界是豐富且充滿情感。

我給了她練習清單：

1. 練習看到路名、店名、菜名、電影名、書名時，都試著唸出來，同時把字詞捧起來，反覆幾遍。
2. 多多錄語音日記，練習將腦中的思考用完整的字說出來。
3. 遇到人覺得緊張時，可以在心裡先請自己的恐懼「坐在旁邊的椅子上」，深呼吸之後，再慢慢開始觀察別人真正的需求。

或許，那一位與詠潔對話的客人，真正要的不是知道書放哪，而是有人帶著他去到書櫃前面，直接把書拿給他，所以有時候，問題不在你的說話方式。因為不論你說得多清楚，有些客戶還是會堅持耍懶，而他的需求偏偏不透過言語說出來。

其實，溝通最大的藝術，不是聲音的表達，而是聽出對方要的是什麼。

當我們困在自己所認為的困難中，不敢去突破，或一股腦兒用自己的方式去突破時，往往會覺得旁邊的人都在故意找麻煩。我們忘了去聽對方真正的需求，還以為他們故意戳著我們的弱點，其實他們只是需要你的幫助，而你卻被束縛在自己的繭裡，看不清真正的訊息，忙著慌張、恐懼、迷失、否定自我。

跟隨者、領導者、旁聽者的溝通之道

聲音可以顯示出是領導者、跟隨者或旁聽者，而我們三種聲音都要有。當我們在職場溝通，有上下的權力關係，不同的角色設定，就要在不同情境中先想好：「我現在是跟隨者，還是領導者或旁聽者？」

當我們是跟隨者時，要有服務的心態，不能太躁進，而是先放下自己的想法，聽聽主管想要什麼，他現在的情緒是需要附和，還是在尋求意見？抓好回應的時機點還有重點，讓向上溝通成立。

而當你是領導者，或是決定事情的人，你說出的話語必須要簡潔、專業，同時具備能夠熱情招呼，柔和又堅定的聲音。不急不緩講出願景和訴求，讓旁人能夠跟上協助。甚至有時需要假裝低迷，以激起下屬悲憤的情懷，大家一起努力撐下去的聲音。

而旁觀者，則是冷靜地看待各種局勢的變化與走向，觀察每個人具備什麼樣的才能，可以做成什麼樣的商品。自己不見得要發出很多的聲音，而是要順著環境的變化，適時地調整自己的狀態與定位。

我們每個人都需要具備這三種聲音，根據不同的環境，切換自己的狀態，聰明的溝通之道，是我們在職場的必修功力，好好說話，就能幫助你事半功倍！

引導思考：我在職場是如何說話的？

示範音檔

為了幫助大家深入了解自己的狀態，請各位讀者拿出一張紙與筆，跟著我的聲音一起，思考並寫下以下問題的答案吧。

1. 請觀察並記錄每一次在工作場域，當我和哪些人交談，或是碰到哪些話題或字眼時，心中容易冒出不舒服的泡泡？
2. 請觀察自己，當不舒服的泡泡冒出，是因為對方的語氣、措辭、自己的反感或心情，還是之前有發生過類似的生命經驗，抑或是遇過和這個人相似的身影？
3. 我遇到同樣職位，或是相似類型的人，是不是都會有同一種反應？
4. 我是否能聆聽出和我說話的人，他今天心裡的狀態？也許是心浮氣躁趕時間、也處於別人施加的壓力之下、想要找個替死鬼，或是興致勃勃想找人較量？

5. 我是否能聆聽出和我說話的人，他今天身體的狀態？是昨日熬夜了火氣大、壓力太大身體緊繃，還是快要感冒了很虛弱？

6. 每一次當我覺得受到攻擊時，我常出現的反應是什麼？穿盔甲應戰、求饒、溜走、緩解氣氛，還是不予置評？

7. 每次遇到相同的狀況，我都用同一個方法面對，或是會試著找找不同做法？

8. 試著在腦中編列不同應變版本的劇本，例如：直接回擊、搪塞應付、智慧回應、輕鬆帶過。下次再遇到時，試試看用這些劇本應對，觀察雙方互動產生了什麼樣的改變。

從肢體的舞動中，覺察自己的聲音線條

小時候，每個禮拜天傍晚，父母都會出去打網球。我坐在房間看著窗外的風景，不管有沒有下雨，想著隔天又要去上學，心裡實在悶極了。只要感受到身體亂竄的鬱悶，我就會換上最喜歡的洋裝，打開黑膠唱片機，放上蕭邦的圓舞曲，自己開始隨著音樂舞動，徜徉在律動裡，不亦樂乎，覺得煩悶被輕輕揉開，整個身心都柔柔軟軟的。

兩廳院有一個樂齡藝術教育計畫，讓銀髮族在各種藝術課程中玩耍，喚起生命的活力。那天的工作坊，我請大家邊低聲吟唱、邊跳舞，柔軟地按摩自己的身體和心靈。我關掉教室的燈，讓大家在黑暗中可以自在地做自己，播放著黃鶯鶯的〈是否真愛我〉，請大家聽著音樂，緩緩伸出一隻手，往上、往下、往左、往右，不是直接縮回，而是要緩慢地向外開展，就像一棵靜靜生長的大樹，在風中輕輕搖擺，配合著動作我們做一些簡單的發聲練習。

我想要讓大家感受，聲音的表情線條，可以利用時間和空間的畫布，就像在音樂中盡情伸展跳舞一般，可以向前與退後、延展與緊縮、直白與迂迴。練習的過程中，學員們越來越自在，有的開始變換身體高度，踮腳或蹲下，有的甚至在地上翻滾、爬行。

聲音的直、硬與輕巧上揚的愉悅線條

有一天我與學員們做同樣的練習，分享聲音各種各樣的線條。同時引導大家思考，自己的線條是太直的、咄咄逼人的，還是優雅、不擾人的，又或者，說話的尾音若可以稍微微微上揚的話，那口氣是表示隨時歡迎別人加入我們的話題。

一位學員開始說道，有次他下午要去開社區的管委會，想針對有人一直不願意把腳踏車停好的這個議題進行討論。他平時講話聲音比較柔，因為現在是主委，所以便覺得自己應該要在會議中扮演一個講話比較直、硬的角色，當下所有學員根據這個話題熱烈地討論起來。

突然，坐在輪椅上的學員靜芳，若有所思地說道，自己之所以坐輪椅是因為出了意外。她的脊椎斷成兩部分，就算後來動了手術進行修復，仍然時不時會有一些問題，不是出現莫名的神經痛，像有一萬隻螞蟻在咬身體，就是覺得身體好冷。她去看醫生，醫生也只跟她說，這些是你的感覺，沒有任何解決辦法。

靜芳的人生產生了天翻地覆的變化，其中也包括她與先生之間踏實的情感，不知道未來會不會因病而改變。原先她跟先生感情非常好，但是自從意外發生之後，她一切的生活起居都需要先生的幫忙。每當她洗完澡，就需要他幫忙穿褲子，但是有時候穿的角度不對，她就會很著急地對先生說：「不是！不是這樣的！」這時說話聲音往往比較尖、比較高，先生總是會愣一下，急忙加快動作，但是越慌張就越得到反效果，最後，兩隻腳都穿進一個褲管。

整個過程中，真正讓靜芳生氣、不解的是，自己怎麼可以受傷，怎麼變得只能依靠他人幫忙？怎麼可以對一個愛著自己、照顧自己的人生氣？靜芳覺得「自己需要被照顧」這一件事，對於夫妻雙方都是很大的消磨，她不希望拖累先生，也常常覺得看不見生命的未來，於是對自己感到很失望，又痛苦。

大家聽了這故事後，一時間教室裡沒了聲音，大家都在體會靜芳的痛苦，思考著問題。突然，另一位學員立仁回應說，靜芳的分享讓他聯想到很多年前媽媽還在世的時候，他作為媽媽的照顧者的經驗。照顧病人生活起居的壓力很大，在兄弟姊妹也沒空幫忙的情況之下，立仁常常需要醫院、公司、家中三地來回奔波，情緒上也一直沒有辦法踏實下來，壓力不斷累積。他必須一直提醒自己要孝順、要孝順，但是內心總是害怕，哪天會控制不住用言語傷害媽媽。然而這些情緒終於在某天爆發出來，他不自覺地使用了直而冷淡的話語，媽媽看著他問：「你今天為什麼特別有距離？」

靜芳與立仁突然都從彼此的故事之中，照見了自己的模樣。在不同的時空，面對不同的人，說過的話，讓彼此之間看到照顧者與被照顧者的心理狀態，讓雙方都得以檢視自己的行為。

後來，在最後一堂課的成果發表時，我得以真正認識靜芳的先生。他抱著一台相機，就像抱著一個不需要與他人溝通的擋箭牌，躲在角落不斷替大家還有靜芳拍照。可以看出他本質是個生性害羞、木訥，不太擅長言詞的人，想必他們的婚姻之中，還有很多不能用言語說的愛，存在彼此的微笑中、眼神中，以及照顧的舉止中。其實，只需要微微調整對應的聲音線條，就能讓靜芳與先生更加感受到他們對彼此的珍惜。

經過這次的課程，靜芳有了很大的釋放。她更有意識地覺察到，先生在人生中是不斷支持她的角色。不論先生做對或是做錯的時候，她都更加注意自己語氣的勾勒，會讓語調微微上揚，充滿邀請與包容的感覺。當天課程結束後，她感激地謝謝大家願意聽這些故事，讓她有機會將內在的聲音進行釋放。下課後，我看著靜芳的先生推著輪椅幫她蓋上毯子，一股暖流湧上我的心頭。

玩身、玩聲，玩出自己的自在

往往在舞動暖身結束後，我請學員們站成一個圓圈，練習用動作想像聲音的線條。

我請他們假裝自己手上有一顆球，找到一個特定對象，把這顆球丟給對方，同時一邊喊出：「你好嗎？」而接到球的那一方就要回答：「我很好！你好嗎？」聲音需要配合著身體動作變化，如果手臂畫了一個大圓，聲音就也要像畫了一個大圓似的拋出去；如果手臂做了一個快速丟擲，那聲音也要快速飛出去。透過球的拋接，玩出不同的聲音線條。

學員聽到自己的聲音，原來可以這樣滑溜，這樣富有表情，都感到很新鮮。於是，有的人開始改變音高，從低到高喊，或改變聲音大小，從氣音到大喊，各個創意十足。在這樣的遊戲裡，大家不用怕自己做錯事或說錯話，只要盡情玩就好。那天靜芳也玩得很開心，臉上露出了孩子般的燦笑，我看見她這麼放鬆愉快的神情，說話的聲音也更柔軟可人了。

我對大家說：「請記得現在的你們，這才是你們真正的聲音，真實去表達開心與不開心，接納自己，讓情緒在聲音裡真誠地舞動，就會讓人很想聽你說。」

不管是聲音還是肢體，當它們能盡情舞動，傳遞你內心豐沛的情感，就能讓人感到自由、快樂。我相信，這也是宇宙給我們這些寶藏的原因：你擁有聲音，能告訴這世界，你是誰。

延伸練習

1. 放一首輕柔的音樂，點一個香氛或是光頻蠟燭，舒展自己的身體，將肩膀上半身揉開。
2. 每天睡前，觀察自己身體每個部位是輕鬆還是緊繃（脖子、手、腳、頭、腰、背、臀），用肢體畫圓，邊作動作邊用呼吸鬆解緊張的部位。

示範影片

3. 找到自己不同年紀時候最愛聽的歌，拿出來唱一唱，回想著當時哼這一首歌的心情、感動、身體能量。

4. 找到自己不同生命目標的主題曲，戰鬥時、憂傷時、開心時，可以代表激勵或是抒發自己情緒的歌。

5. 用書寫或留聲的方式，留一段音檔給自己，忠實地說出你真正難過的事，最受傷的點、最氣不過的地方，必要時，順著情緒讓悲傷隨著眼淚流出，不要壓抑自我，放個適當的音樂，哭出來吧！

6. 觀察自己情緒高漲時，聲音的高低，觀察自己緊張的時候，說話的身體有沒有擠壓，觀察自己不安的時候，說話的語速，觀察自己不悅的時候，說話的線條。

調出一杯屬於你的聲音，接納生命禮物

「我是一名機師。」哲豪一開口，全教室的人都融化了，那是一個理性的聲音，安穩又平和，像是在一個宜人舒適的天氣裡，緩緩飛往度假小島的航程。

我請哲豪多說幾句他在機上時的廣播。

「各位旅客您好，歡迎抵達帛琉機場。現在當地的時間是晚上十點零五分，氣溫為攝氏二十七度。」「僅代表航空公司及全體機組人員，感謝您的搭乘，希望很快能再為您服務，祝您有個愉快的一天，謝謝。」

我驚呼：「你的聲音很好呀！你的聲音讓我覺得，坐你的飛機是很安全的。為什麼會來上課呢？」我不禁疑惑著。

「我希望自己的聲音能跟人更貼近，有人說我的聲音太嚴肅了，會有距離感。」他說女生都不太能自在跟他互動，明明是帥氣的機師，卻已經好幾年沒交女朋友。

從他的聲音，我聽得出來是充滿理性與發自內心的客氣，同時溫文儒雅、給人空間，跟他相處起來應該是很舒服的。但也可能因為這樣，讓人不敢輕易跟他開玩笑，只敢客氣地與他互動。

我告訴他，你的聲音很好聽，不需要改變太多，但說話時可以增加些許線條、語句傳送的距離再遠一點。很多時候，我們會因為擔心自己造成對方困擾，而把自己的聲音收起一點點。但真正能拉近彼此距離的聲音，反而是把對方當成聲音終點、把自己端起來、送出去，如此才能乘著聲音的羽翼，讓你千言萬語，如風吹入他心裡。

哲豪理解以後，整個人容光煥發，發現原來不是自己的聲音不好，也不是個性太嚴肅，只是說話的方式再活潑一點，就能克服遇到的困難，也覺得他離自己近了一些。

你對自己的討厭，其實都是一份禮物

我們總是有許多懷疑自己的時刻，擔心講話的聲音不夠沉穩，太過輕浮；態度成熟，又怕被認為太嚴肅。嗓門大的人，羨慕小音量人的小家碧玉；天生說話跟蚊子一樣小的人，又渴望有天能發出雷鳴般的驚人之聲。低頻的人討厭自己的聲音沒精神；高音的人又巴不得把聲音的尖銳剪斷，很少人能說出：「我喜歡自己的聲音，我接納全部的自己。」

子韋也是討厭自己的人。他是一位調酒師，高高帥帥，濃眉大眼，總是一張笑臉，精神抖擻地參與我的課。

他就跟在酒吧工作時一樣，熱情款待每個人，把每位初見的同學都視為自己的客人，真誠又大方地分享自己的故事，炒熱課堂氣氛，聽我說話時也會頻頻點頭，眼睛都睜得大大的。但他越這樣積極用力，拚命把自己振奮起來停在高點，越讓我隱隱感覺有什麼不對勁，甚至懷疑他有沒有酗酒。

果然在下一堂課，他就搖搖晃晃地走進教室，一坐下就大聲告訴大家：「各位同學，你們覺得我今天很奇怪對不對？因為我昨天喝掛了！」同學都被他嚇到，同時又覺得很好笑，教室瞬間爆出一陣笑聲，子韋就是這麼可愛，總能頓時點燃一把火。

我一邊笑著，一邊又覺得很心疼，猜想他必定有什麼沉重的心事，或纏身已久的痛苦，讓他必須用大量的酒精麻痺自己，才能稍微不那麼痛。

那一天，當我們聊著自己的聲音有什麼特質，輪到子韋時，他嘆了長長的一口氣說：「我的聲音很討厭，很高，還有鼻音。」我回他：「可是那是因為你有鼻子過敏呀！」「不管，我就是很討厭這個聲音。」子韋手抱在胸前，喪氣地看向旁邊。

我輕聲告訴他：「子韋，你的鼻腔共鳴讓聲音很亮，有一種天生的甜，其實只要講話時把口腔共鳴打開中和一下，在公開演講時反而有種穿透力和魅力，是很棒的聲音喔！」

他又眼睛睜得大大的，整整停滯了五秒鐘後，才把頭慢慢往後仰，吸了好大的一口氣，開始大哭：「長久以來，我這麼討厭自己的一個特質，原來竟是一個禮物！」

「我以為我已經足夠愛自己了，原來真正的愛自己，是接納自己的所有。」從他的語句聽得出來，他已經鞭打了自己無數次，拚命逃開後，又追尋了好多解法，他曾上了好多身心靈的課，一直在奮力修煉各種人間功課。

直到那一天，他終於領悟到如何「接納」這份禮物。

後來我在臉書上，知道了子韋是同志，其實並不驚訝，一方面也許早已猜到，另一方面，我不覺得這有什麼不對，子韋還是子韋，那個拚命點亮大家的小火把。但我知道，他為此承受了很多，身為與多數人不一樣的少數，有時孤獨又寂寞，但這並不代表他需要為迎合其他人而改變自己。

這一生，會有很多人告訴你：「你不夠好。」「你怎麼可以這樣。」「你真的很爛。」針對你的聲音、身分、特質、性向、選擇、職業、收入、外型、家世、個性等等無所不挑，但在這麼多的話語中，你可以去篩選自己要聽什麼、不聽什麼，更重要的是，你想對自己說些什麼？

在我們身上的好與不好，之所以能變得溫潤順口，是因為我們懂得接納、調和它，就像這名闖蕩歲月的調酒師，終於能在好久好久以後，調出了一杯只屬於他的聲音。

引導思考：愛上自己的聲音

示範音檔

請各位讀者拿出一張紙與筆，跟著我的聲音一起，思考並寫下以下問題的答案吧。

1. 我可以邊講話，邊清楚地聽到自己的聲音所傳遞出的所有訊息嗎？
2. 說話時我是否分得清楚，腦中內在的聲音，跟嘴巴說出的聲音？
3. 我是腦中的聲音跑得比較快，還是說出的聲音跑得比頭腦快？
4. 說話時，我有注意思考的速度跟創造出詞語的速度嗎？
5. 我說話時是否有給自己空隙，整理腦中想法，與說出的話語？
6. 我講話時，內在聲音是在批判自己，還是支持自己？

7. 我可以邊講話，邊意識到自己的聲帶運作，和呼吸的狀況嗎？
8. 如果說話不順，我如何引導自己趁著呼吸空檔，重新調整說話的方法？還是任由它一路慘到底？請列出我會做出的調整。
9. 我不喜歡的是自己的音色、說話的速度、語調表情，還是話題內容？
10. 請練習反覆聽自己的音檔，聽出可改進的方向，並逐一條列出來。請聽出自己聲音的優點與特點，並條列出來，再慢慢練習與運用它。
11. 我愛我自己的聲音嗎？

別當「神隱少女」，自信說出「你的名字」

唸自己名字時，你有什麼感覺呢？是否能夠感受到父母或長輩，第一天看到我們這個小baby時，抱著我們微笑，賦予這些名字的意義與祝福？就像我的名字，「魏世芬」，為了讓這個世界芬芳而誕生，為了體驗愛、享受愛，和給予愛。

從小我介紹自己時，都會意氣風發地說：「嗨！我是魏世芬！」然後可以飛揚地、快樂地、喜悅地轉一個圈圈，很誇張吧，但是我真的覺得自己就是這樣一個快樂的靈魂啊！你如果喜歡我，我就很開心；你如果不喜歡我，也沒關係，你會慢慢發現我的種種美好；如果真的很討厭我，那就是你的損失，我就是這樣一個開朗灑脫的人。

但後來當我去美國念書後，發現自己說話時會一直思考如何使用準確的英文，忽略了語言背後可以傳達的精神，整個人失去了說話的魅力。在認識新朋友自我介紹時：「My name is 世芬魏。」每個字都又沉又重，好像試著把我的名字講得很正確威武，但對方聽到我的名字，反而覺得這個人很硬、好強、不好相處。

事實上，是我很害怕，怕不知道要跟外國人開什麼話題，怕人家發現我聽不懂他們的笑話，怕別人發現我是草包……

後來同學才告訴我，原來他們打招呼的時候不是說：「嗨！你好，我是魏世芬。」他們說What's up、Hello或是輕盈飛揚的Hi。校園內打招呼，他們不會用官方用語：「My name is Bob。」而是會看著你的眼睛說：「Hi! I'm Bob. Hello Sandra, it's 世芬.」

當你在唸自己的名字時，傳達訊息是最重要的。東方人大部分不習慣直視對方眼睛，以為這樣是客氣，其實是閃躲。從聲音與眼神中，把意念裝進去，接受自己和別人就是不一樣，就算心裡害怕也可以用開心的、愉悅的聲音和意念，裝進語調裡，然後在字與字之間妥善分句，讓人知道你樂意與人溝通。

聲音藥單：為自己的名字加入節奏

示範音檔

大部分人的名字是三個字，你可以把節奏分為一加二，或是二加一，並用不同音高切分，譬如：

1. 高低低：「我是 魏 世芬」先用第一個高音取得對方注意力，後面兩個下沉的字則顯示出穩重的感覺，通常用在工作上，需要展示專業性時。
2. 低低高：「我是 魏世 芬」前面兩個下沉的字，襯托出第三個字的輕巧可愛，通常用在比較輕鬆，想和人拉近距離的時候。

你可以用筆寫下自己各種名字的分句，二加一，一加二，哪邊重音，哪邊短促，哪邊活潑，哪邊柔軟、甜美，去想想在不同場合遇見不同人時，你想帶給他們什麼感受？

你的名字，是你在世上的第一張名片

每一次當我在課堂上，請大家唸自己的名字做聲音練習時，大部分的人都呈現扭捏焦躁的樣子，彷彿自己的名字是最熟悉的陌生人，比「我愛你」、「對不起」都還難以啟齒。我們總以為名字不過是一張小小標籤，只是貼在身上的一個記號，不足為奇。

我一直都相信，名字是越喊才會越旺的。如果你每次說到自己的名字時，都想小聲含糊地，快速糊弄過去，那就難以讓這個名字發光發熱，而你也就慢慢埋沒在人海中，不再有人看見你，因為連你自己都想把它藏起來。

為了讓大家一起「喊燒」自己的名字，我會請同學們圍成一個大圓，輪流對著天空大喊自己的名字十次，就像對宇宙吶喊：「嘿～我在這裡啊！你要記得看看我，好好照顧我喔！」

有一位女孩若婕，一開始喊的時候，眼神睜得大大地怒瞪天空，聲音充滿了憤怒：「若婕！若婕！」好像她是要來向自己討債的仇人，要把她叫出來狠狠揍一頓。可是到了第五、六次，她的表情逐漸黯淡下來，不再這麼用力抓狂，肩膀胸口垂下，就像突然被戳破的氣球，發出悲鳴的聲音：「若婕……若婕……」一邊流下了眼淚，鼻子也抽蓄著，彷彿一位失去孩子的母親，在召喚她失去的摯愛。

最後結束前，若婕的心情慢慢恢復平靜，她閉上了眼睛，深呼吸一口氣，輕輕說出最後一聲：「若婕～」尾音輕鬆上揚，好像小精靈終於掙脫了枷鎖，長出了一對翅膀，自在飛了起來。

若婕睜開眼睛後，對於自己竟有這樣強烈的情緒轉變感覺有些不好意思，但全班同學都為她鼓掌開心，知道若婕在剛才那個瞬間，突破了一些什麼，也找回了一些什麼。

很多人跟自己的名字都是有距離感的，看到若婕，我想起了也曾不喜歡自己的名字。每次當我要講出全名時，都會卡卡的，而跟我相處的人，也都叫我小芬、小芬老師。

我之所以不喜歡我的名字，是因為高中時，爸爸為了幫我算考大學的運勢，帶著我去找一名算命師。一個人的命可以用適合作文官、武官來區分，但當時算命師一看到我的命盤就說：「哇！這個女孩勞碌命喔，她生來帶著男命，是個武心重的人。」

在當時的那年代，大家都覺得女孩子就是要好好念書，要文文靜靜，結果我從小愛動、停不下來的特徵竟然被算出來了！我既氣自己怎麼不符合大眾期待，又氣社會怎麼就不能容下積極、外向、要強的女生。「魏世芬」三個字就像是不斷在提醒我這個事實，所以我一直無法面對它。

後來，我開設了聲音工作坊，帶領著大家一次次的、一期又一期的，不停大聲地、誠懇地說出自己的名字，透過這樣的訓練一直釋放後，我才發現，其實那只是一位算命師對我的其中一個見解，而我不見得要去接受他的見解，因為現在這個年代，有決斷力、有思想的女性反而很迷人呢。

我明白到，我的名字就像是為了這個世界，芬芳然後而存在。直到四十五歲，我才終於不排斥自己的名字。

下課後，若婕來告訴我：「我小時候每次被爸媽叫名字，通常都是不好的事，比如要罵我考試沒考好。長大後也是，老闆叫我時，我就會全身肌肉僵直，不知道又是哪裡沒做好要被唸了。原來我一直對自己的名字，充滿恐懼，又這麼感到委屈。」

我想起《神隱少女》裡被沒收名字的千尋，失去了名字的人，不知道自己是誰，也不知道這一生要往哪裡去？也許我們都是一個一個，在責怪、打罵、痛斥、恥笑、羞辱中，漸漸遠離了自己名字的千尋。

親愛的，不管你從前被呼喊名字的經驗如何，從現在開始，請由你來定義這個名字，它就像一張與生俱來的名片，當你有了名字，在世上就有一個位置，不須其他外在證明，你就是存在的，你決定自己是誰。

下一次，當你碰到新朋友，請勇敢注視著他的眼睛，握好他的手，自信地說：

「你好，我是○○○！」

延伸練習

1. 請賦予我的名字、生命，一個我自己的詮釋。
2. 想像自己剛出生時，父母、長輩、祖先想要取這個名字的含義，承接祝福。
3. 如果不想要接受父母、長輩的意念，或是有改名，也請給予它一個自己的祝福。
4. 唸名字的時候，朝著天空，雙手張開，迎接這個名字的美好能量。
5. 唸名字時，我們常會先複製別人唸我們名字的方式（例如父母親生氣時的叫法）。最後，請想像對面站著一個心中最理想的自己，然後向她／他呼喊自己的名字。

聲音的搖籃與羈絆

——原生家庭

德祥是和太太一起來上課的，但如果沒特別介紹他們的關係，大家應該無法想像他們是夫妻。太太是地方的民意代表，個性積極，說話自信，總是主動舉手分享或提問。

相較之下，德祥完全就是省話一哥，幾乎沒有主動發表過任何話，加上他有一點點暴牙，會刻意想把牙齒藏起來，好不容易等到他開口說了一句話，說完就馬上又把嘴巴包起來。

德祥是一位專業廚師，工作能力很好，年薪直逼兩百萬，他在職場上不需要說話，靠雙手就能夠完成任務，而這也讓他更不習慣開口說話，彷彿不想讓聲音離開身體，也不想讓外界聽到。

有一次我們進行發聲練習，用「啊」音練習丹田運氣，把嘴巴的空間打開讓聲音變大。德祥的聲音細小到只有兩旁的同學聽得見，我請他把嘴巴再張開一點，讓共鳴的空間變大，他照著做，聲音確實變大了一點，但很明顯聽到了低沉的沙啞聲。

我激勵他更勇敢嘗試：「德祥，沒錯，就是這種感覺，再更張開一點，把聲音釋放出來！」只見德祥閉上了眼睛，表情轉為扭曲痛苦，發出了好大聲的淒厲慘叫：「啊～～～啊～～～」好像一頭在原野中受傷的野獸，好在同學們都沒被嚇到，反而紛紛鼓掌為他歡呼，因為大家都意識到那是一個他突破自己的時刻。之後，德祥很難為情地又馬上縮回去平時的樣子，不過他的聲音能量終於可以衝出了嘴巴。

那一次的回家作業，我請大家說說回憶裡最美好的片段，收到德祥的檔案時，我第一次聽見他說了這麼長的一段話：

「記得高中聯考，我考上了鳳山高中，但我家住在左營，從家裡到學校的交通並不方便，第一天放學搭公車時，我還坐錯了方向，搞到很晚才回家。後來我決定自己騎腳踏車，騎了一個學期後，父親突然跟我說：『爸爸覺得你這樣太辛苦了，爸爸每天載你上下課好不好？』

「於是就這樣開啟了父親接我上下學的日子，每天放學時，父親都會問：『肚子餓不餓？我帶你去吃東西好不好？』父親常常帶我去一家大腸麵線的攤子吃麵線，我從小就很喜歡吃麵線，真的很好吃。

「父親就這樣每天載我，不管颳風下雨，都堅持載我上學或放學，直到了畢業。」

德祥說這段話時，好像重新變回了那個高中生，語氣輕盈而年輕，細細說著與父親美好的回憶。

不過停頓了一秒後，他突然接著說：

「後來我的父親得了大腸癌，受了病痛折磨大概有五年，最後更以自殺的方式結束了生命，父親過世時我並不在他身邊，心裡總是有些遺憾，如果我能再多陪陪他就好了。」

我在家裡的客廳聽著德祥的音檔，眼淚就跟著掉下來了，原來他壓在喉嚨這麼久的悲傷是這麼回事，最愛的父親悲慘地離世，是多麼痛的一件事。

下一堂課，我問了德祥是否願意和大家分享這個故事？他微微點了頭，跟大家一起聽完自己的音檔後，開口說了更多：

「其實父親生病時，我一直不敢回去家裡，因為會聽到媽媽咒罵爸爸：『你這死老猴，什麼時候要死啊！』『林娘卡好，你以為自己是好野人，可以這樣破病嗎？』我很怕那樣的場景，所以就不敢回去。」

太太說他們有一次過年回家，好不容易從台北開了五個多小時的車到高雄，開到家門口就看到媽媽衝出來大罵：「你為什麼現在才回來？你乾脆都不要回來好了！」德祥就立刻憤怒地想倒車直接開回台北，太太馬上安撫：「你要假裝沒聽到，不要對號入座，我們就回去看一下爸爸。」

沒想到那是德祥最後一次見到爸爸。

後來父親受不了病痛與精神的折磨，跳樓輕生。

「最後那次見面，父親跟我說：『你不要跟我一樣，你要當很有用的人，好好照顧家人。』

「其實我一直很後悔，自己沒有救爸爸，沒有一直陪在他身邊。我以為自己恨的是把父親罵死了的母親，但其實我最恨的是無能為力的自己。」

德祥說完後，情緒意外地很平靜，整個肩膀都放鬆了下來，好像內心深處有一個累積了很久的愧疚感終於被釋放了。

班上很多同學都紅了眼眶，我也是，心裡很激動，一方面被這個故事深深觸動，另一方面聽著德祥流暢地說了好多，感覺到那盤旋在他心裡已久，又黑又燒灼的瘀傷，終於有了出口，心與聲的能量過了十幾年，得以再次接通，他拯救了他自己。

懊悔、憤怒、痛苦、悲傷、思念與愛，特別是與原生家庭千思萬縷的情感，愛恨交織的心情，有時正是最難解的心結，我們是不是都有好想說出口，但不敢開口、來不及說的話，哽在心頭無法放開？「對不起、請原諒我、謝謝你、我愛你」，哪一句是你最想要說的？

其實不一定真的需要說給父母聽，有時光是把這些心事找人傾訴，就已經是很大的疏通，你會發現自己不再需要獨自壓抑，祕密也不再讓人這麼窒息，重點是去面對、看清，進而梳理，讓停滯的生命再次向前。

直到現在當我想起德祥的故事，仍會記得他破繭重生的那一刻，以及在充滿與父親甜蜜回憶的音檔裡，他最後說的：「現在只要我吃著大腸麵線，就會想起父親每天在我上下學的日子。從機車後面抱著父親那種溫暖的感覺，在我心裡就會升起一個很溫暖的念頭，真希望父親還在我身邊。」

父親確實還在呢，在德祥的心裡，從沒離開過。

引導思考：原生家庭與我

示範音檔

請各位讀者拿出一張紙與筆，跟著我的聲音一起，寫下這些問題的答案吧。

1. 我從父母身上遺傳了什麼長相？我的孩子從我身上遺傳了什麼長相？頭型、臉、身形、手腳、眼神、笑容？哪一些我覺得很棒，哪一些其實困擾著我？
2. 我從父母身上遺傳了什麼才能、個性、情緒？我的孩子從我身上遺傳了什麼才能、個性、情緒？哪一些我覺得很棒，哪一些其實困擾著我？哪一些我覺得必須去面對與處理？

3. 父母平時心情都如何？以什麼方式表現？而我平時心情又如何？以什麼方式表現？我的孩子平時心情如何？以什麼方式表現？我的情緒表達流暢嗎？我的孩子們在表達情緒時是流暢的嗎？

4. 我說哪一句話，哪一件事時，最容易讓父母開心或生氣？父母說哪一句話，哪一件事，最容易讓我開心或生氣？我的孩子說哪一句話，哪一件事時，最容易讓我開心或生氣？大家最在意的點在哪，是開心還是生氣？

5. 父母／孩子最大的憂慮、恐懼是什麼，以什麼狀況顯示，話語聽起來像什麼？我最大的憂慮、恐懼是什麼，以什麼狀況顯示，話語聽起來像什麼？

6. 我的父母／孩子情緒不好時，他們怎麼調整自己？當父母情緒不好時，我怎麼調整自己？當我情緒不好的時候，我怎麼調適自己？

7. 父母喜歡我或是我做的事，怎麼獎賞，有哪些言語或肢體鼓勵？我喜歡我自己的時候，怎麼獎賞？我喜歡我小孩做的事時，怎麼獎賞？

8.父母不喜歡我做的事，他用什麼語言說？我不喜歡我做的事，我怎麼跟自己說？我不喜歡我小孩做的事，我怎麼跟他說，我怎麼和自己說？

說出「我不要」與「我想要」

——關於愛情

我曾經指導過一齣很有意思的音樂劇，叫做《分手快樂》，描述一間擁有新興晶片科技的「分手快樂事務所」，能夠輕易幫人們抹去感情裡的回憶，一切愉快與不愉快的，全部都能忘得一乾二淨，從此你不會再想起這個人，彷彿生命裡從沒有過這段感情，就像切除手術地快、狠、準，再也不會留下情傷後遺症。

如果是你，會想要進去這間事務所，痛痛快快抹去所有回憶嗎？

當然，這只是一個有趣的戲劇創意，真實的世界還沒有這樣的科技，對於愛情，我們都必須靠自己面對。

我常常覺得人生的功課很有趣，在你還沒跨越之前會故意不斷襲來，尤其在愛情中會最明顯，就像一面照妖鏡，你內在所有的心魔在愛情裡，都會赤裸地一覽無遺。

你在愛情裡的姿態，是否像極了從前？

世威是一位大學副教授，第一次上完基礎的聲音課，聽到我說第三階課程是走進內心世界，釋放真實的聲音後，就立刻說：「我一定要參加！」好像明白自己的內心有什麼需要找到出口。

後來在課堂上，世威坦言他有所謂的「分離焦慮」，尤其是碰到感情出狀況時，就會發作得特別嚴重。「每一次都是對方提出分手，我苦苦哀求挽留，然後在我的哀求之下對方心軟復合，但過沒多久又再提出分手，我再度挽留……」就這樣一直不斷重複，在愛情裡受盡折磨。

直到我們聊起了原生家庭，我們才在世威的愛情裡，看見了因果不斷反覆循環的模式。

小時候他的成績很好，特別是英文，有次他考了滿分，興奮地拿考卷回家給媽媽看，當他等著接受讚美時，媽媽翻了一下考卷，卻直接指著他藏在最後一張的數學考卷問：「這個為什麼考這麼低？」他整個人呆住，好像滿分的英文從沒存在過。

「於是我得到一個結論，我做的事永遠、永遠都不夠好，就算一個東西做完，媽媽會盯著我看下一個沒有完成的事。」

後來甚至嚴重到，只要他的成績少一分，父母就抓起他的書包要丟到瓦斯爐上：「考這麼爛！給你去讀書不就很浪費，乾脆不要去好了！」他每次都跪著哭說：「不要燒啦！不要燒啦！」其他兄弟姊妹也在旁邊幫著一起求情，全家就上演比鄉土劇更浮誇的戲碼。

「還有一次我們去山上郊遊，爸爸很生氣說我太吵，就把我丟下車，是真的丟下車喔！我後來只好自己走回家，他們都沒有來接我，我從白天走到天都黑了，大概有四個小時吧。回到家發現父母也沒有擔心我，完全沒有在等我，是不是很扯？」世威說完那荒謬的過去，自己笑到流眼淚，全班同學也覺得太誇張了，全部一起笑瘋。

他現在能把那段童年當笑話描述，但想必當年那個小男孩是非常傷心與害怕。「所以當你在愛情裡哀求不要分手，是不是跟小時候哀求父母不要把書包燒掉，或是不要把你丟下車，有一點像？」這一次不是由我開口，而是另一位同學看出當中的相似性，我為他們能幫彼此看見盲點而感動。

世威彷彿恍然大悟般，從笑到流淚的表情停滯下來，漸漸回到自己的內心，去思考關於自己的真相。他一直試圖想要從愛情中獲得他在父母身上得不到的讚許，談戀愛總像走在繩索上，太過害怕自己的存在價值又再被畫「叉」，卻也不知不覺地，讓這個恐懼以另一種形式綑綁了他的愛人。他沒能真正找到問題的核心，才只能不斷地以惡性循環的方式，重複上演著同樣的悲劇。

其實，不斷在同一種感情形式中無限重複，有很大的部分是來自原生家庭經驗的痛，受傷哭泣的男孩一直躲在角落不敢出來，每當有人覺得他不夠好，又想要拋棄他，他就會立刻被觸發傷痛神經，跑出來大哭大鬧跪求不要，口中不斷說著同一句台詞：「不要啦！不要啦！」因為心裡的戲都還停留在同一個地方。只有看見心裡的傷痛勇敢擁抱，你才能掙脫這個可怕輪迴，去挑戰下一齣戲。

重新檢查「我不要」與「我想要」

我想起一位非常要好的朋友，美麗優雅又充滿才氣的藝術家，是大家心中天使般的存在，偏偏她交往的每一任男友都會打她，甚至還把她抓起來往牆壁上摔。她的每一任都有個共通點，就是很有才華，卻都沒有接地氣，跟其他人無法一起工作，久而久之沒有人找他合作，讓他覺得自己是懷才不遇，被社會排擠，心情焦躁，進而開始用暴力發洩。

她總是無限包容這樣的「他們」，心疼他們有才華卻不被賞識，甘願承受他們的怒氣。但她沒能明白的是，這樣沒有界線的包容，其實是一種「討好」，她怕自己不這麼包容的話，對方就會離開，所以不管對方做出多過分的事，她都能忍氣吞聲，還認為這就是愛。

另一方面，她會這樣討好，也是因為覺得自己不夠好，不夠有才華，所以投射在另一個人身上，希望藉由跟這樣的人在一起，就能補足她身上的空洞，卻不知道自己是多麼美麗的存在。於是她不管怎麼換，每一任都變成同一任的感覺。

有時，我覺得這個世界是層層的幻想，每件事情都是一顆泡泡，當你想清楚、看明白了這些功課背後的真意，這些問題就會輕易地消失不見。但人要去發現這些泡泡其實很難，特別是愛情泡泡，有時眩目地讓人頭暈，要鼓起勇氣舉起手來戳破就更不容易。所以我們一生就是要學習戳破這些泡泡，方法永遠不會是往外找，而要不斷向內看。

就像我能教大家許多發聲技巧，但是如果仍然有許多話卡著，那你就要開始檢視內心。在愛情的互動裡，許多來去的關係中，哪一些使你綻放，哪一些讓你溫柔，哪一個感受被鎖在深處，哪一句話拿走了你某部分的靈魂？經過覺察重新檢查「我不要」，也重新設定「我想要」。

世上沒有能讓你遺忘情傷的晶片，但如果你願意拿起破碎的鏡子關照內心，你就能一次次進化，就像剝開一層層的洋蔥，過程中充滿痛處與淚，但當你的狀態越來越好，學會與自己自在相處，在將來就會遇到更好的人，經營一段美好關係，主導你想要的浪漫劇。

引導思考：我在愛情中的樣子

示範音檔

請各位讀者拿出一張紙與筆，跟著我的聲音一起，思考以下問題的答案吧。

1. 我經常被什麼樣子的人吸引？外在特質例如：外貌、才能、學識、物質生活。內在特質例如：個性快慢、品行、與人相處的模式。
2. 對方的什麼特質，是交往前很吸引我，交往後卻覺得很傷腦筋的？
3. 伴侶說什麼話會讓我覺得自己很受尊重，而我說什麼話會讓伴侶覺得很受尊重？對方對我的了解從零到一百大概是多少？
4. 伴侶說什麼話會讓我覺得自己被貶損，我自己說什麼話會讓伴侶覺得被貶損？我們之間，曾敞開心房討論過這些問題嗎？
5. 兩個人在一起的感覺像什麼？感覺被侷限了，還是被釋放了？
6. 不管是哪一位交往對象，都會遇到類似的衝突問題是什麼？衝突比較落在物質或是精神生活？

7.有衝突時，我們都怎麼處理？在衝突之中，我把自己擺得很重要，或是擺在看不見的位子？一直都是誰在忍讓？每次衝突後，都有妥善地處理、解決嗎？

8.我的父母彼此對物質跟精神的期待有相同嗎？我與我的伴侶對物質跟精神的期待有相同嗎？如果不同時，雙方有攤開來討論過嗎？都使用什麼樣的言語溝通或吵架？

9.累積的衝突點，通常會在什麼狀況下爆發？我是主動提出溝通者，或是被動提出溝通者？溝通的過程是充滿情緒，還是像會議室平和的談判桌？父母的溝通範例是什麼？父母的示範帶給我哪些啟示？

10.通常決定繼續交往或是分手的，是對方還是我？如果我是先提出的那一方，分手後感覺如何？如果我是被動提出的那一方，分手後感覺如何？在每段感情中，我學到了什麼？

11.經歷過這些感情，如今在愛情中，我有什麼不一樣？我累積了哪些經驗和智慧？

聆聽對方，找出對的溝通頻率

聆聽自己的身體狀態是很重要的，在你每次開口前，有沒有感受自己為什麼想說這句話？用著什麼樣的口氣說？而這樣會真正傳達你的用意嗎？

你是否有覺察過，自己什麼時候最疲累嗎？是在一天當中的哪個時刻？一周裡的哪一天？一個月中的哪段時間？一年裡的什麼時節？

許多人是一早九點上班看到老闆時最累，或是中午吃飽飯後想直接昏睡；有人每周一有Monday blue，也有人每周五最累，要趕在隔天放假前把事情都做完；女性朋友很容易在經期前後情緒崩壞，會計師則在報稅的前幾周最累。

我自己有了小孩後，變成了「八點半媽媽」，每到周日因為先生去工作，我就要獨自帶兩個小孩，通常撐到晚上八點半，我就瀕臨崩潰了。身為藝術家的我，從前的養成訓練都是專注在眼前的藝術創作上，但是成為母親後，我就需要把所有精力都給孩子，跟從前悠閒看表演、逛書店、喝咖啡的悠閒周末告別。

所以到了周日晚上八點半，我就會索性跟孩子說：「媽媽等下要變身怪物了！」他們就會知道不對勁，自己變得乖一點，有時還會問我需要什麼幫忙。

而一年當中我最忙碌的季節，就是跟著音樂劇表演工作起伏，每年四月到六月，還有九月到十二月，都是劇團正式公演的時間，因為我實在太喜歡這份工作，每個劇組都想參與，曾經一天內跑遍國家音樂廳、城市舞台、松菸誠品去協助聲音指導，通常一月分忙完後，我就會大病一場，一次釋放累積整年的身體疲倦。

那時候的我，常常肩頸痠痛、全身緊繃、雙眼紅腫，容易因為身體不舒服而講出難聽的話，尤其是對我的親密愛人與家人，彷彿丟出炸彈一般直直炸向他們，事後卻讓我後悔不已。

所以，為潛在不必要的衝突拉警報，我們需要聆聽自己的身體狀態。

用輕柔的聲音，梳順對方身上張揚的毛

那你最在乎的人呢，他又是什麼時候最疲憊呢？累之前有什麼徵兆？會不想說話或是說難聽的話？

真正的聆聽，是聽到對方的「非自己」狀態，他是否正在不開心、難過？還是正在氣頭上，無法理性溝通？了解發生了什麼事，你才知道怎麼跟他說話。

譬如在辦公室裡，當你遇到老闆正在發飆，一股氣從身體往上冒，你準備要閃開或是硬衝？如果你要跟老闆爭取你認為對的事，你要用比較柔軟的聲音，還是非得用堅定的語調去硬碰硬？

如果聽到對方的聲音是高漲的，他的氣息從嘴巴衝出來，你同時感受到一個巨大的能量隨時都要從自己身體裡爆發反彈時，你有三個選擇：一、用同樣的力度震懾對方。二、決定無聲遁逃，默默離開。三、用溫柔的聲音，比較慢的速度梳理對方的情緒。

或者當另一半心情不好時，你是否能冷靜而體貼地去分辨此刻的他是想要你的安慰，還是要你給他實際的建議和解決辦法？安慰的話要怎麼說？給建議時的聲音該怎麼樣？你可以決定輕聲細語留下來安慰，或是當頭棒喝請他振作。

很多時候，對方在抱怨時，或許他其實是在求救。而當對方理直氣壯地反駁時，也可能是他想不到其他的解釋方式。很多時候我們太容易因為對方的語氣太衝，就覺得一定要回擊。當我們靜下心來，聽見真正的聲音時，處理方式自然不一樣。

有一次我在教聲音線條時，一位學員分享了自己在家中的經歷。她的爸爸在家中就是權威的象徵，加上個性比較急，特別禁不起別人的挑釁，一旦跟他意見不合，就會非常生氣地爭論起來。而家中晚輩，更是不能反駁他，每當他覺得被子女忤逆到，瞬間口中的每個字都一顆顆地斷開，就像是彈珠往地上扔。

有一天，當那位學員跟正要考學測的弟弟分享一些人生觀，認為弟弟不需要當下就急著決定未來要做什麼，最重要的是要懂得多方嘗試，找到自己真正感興趣的事情。她的爸爸在旁一聽，感到十分焦慮，他覺得女兒在灌輸弟弟去找一份餵不飽自己的工作，著急地一直想要理論。

這位學員一改之前選擇跟他硬碰硬的態度，當爸爸非常生氣地指責她時，她選擇放慢說話的速度，一遍遍，用誠摯的眼神，看著父親，又輕又緩地叫著他：「爸爸，你聽我說一下。」

女兒用輕柔的聲音讓爸爸知道，她沒有要挑釁父親的意思。結果，她的爸爸竟然真的停了下來，講了一句：「什麼？」

聽到爸爸焦急的語氣源自於「怕弟弟養不活自己」，那是「爸爸的愛」，輕聲地從自己的內心勇敢表達，也是傳達「對爸爸的愛」。

調整語調改變說話氛圍

在生活上遇到不同人時，你要記得改變說話的速度以及節奏，有時你會遇到非常急躁的人，我們如果跟著急躁的話，反而雙方就像一座窄橋中央相遇的白羊與黑羊，越吵越凶，互不禮讓。

所以，當你發現對方的氣息越來越衝，講話語調越來越快，你可以讓自己的音低一點點，讓他舒緩下來，然後氣不要那麼足，節奏也慢一點，就像魔術師或是馴獸師，讓他暴戾的心情可以比較平復下來。有時你是安撫者，用輕柔的聲音梳順對方身上張揚的毛；有時你是帶領者，用堅毅的語調讓對方放心跟你走；有時你是談判者，說出自信與決斷，讓對方信服你的論述。

但有時候，我們需要的，不只是對外的聆聽，還有聆聽自己的內在。

曾經有好一段時期，我其實害怕別人發現自己個性很急躁，常常隱藏著真實的自己。我希望自己看起來永遠都是既優雅又溫柔，美好的魏世芬。所以當別人對我有所期待的時候，我就會把自己的需求放在一邊，即使心裡不舒服，也總是笑著對別人說：「好。」

然而，我內在的反彈情緒和真實感受並沒有消失，反而就像一個雪球，滾著滾著，最後大到難以負荷時，就落下了山崖，摧毀了那些長久以來努力維持的關係，也砸傷了自己。我長期忽略了自己真實內在聲音的結果，就是當我一次次面臨情緒崩潰時，自己也陷入極深的挫折感：怎麼就沒有辦法成為美好的我自己呢？

所以，雙向的聆聽，其實才是最重要的。提醒大家，除了試著打開覺察，觀察他人說話的速度，感受每個人個性的快慢、脣齒的鬆緊，從對方說話的氣息，了解他們今天狀態如何之外。同時，千萬也不要忘了聆聽自己身體的狀況、內在的感受，認真消化後，再選擇怎麼回應。唯有當兩者都順利達到平衡，你的聲音，才能夠真正地如你所願，綻放出絢爛的光彩。

外星人學說話：不是只有發出優美的聲音

我從小就是一個非常喜歡說話和吃東西的孩子，偏偏這兩件事用到的都是同一個器官，我總是幻想如果可以長出兩個嘴巴，讓我一邊用歌聲去讚美吃下去的東西多麼美味，那該有多棒啊！

所以我總是難以理解，世界上竟然有人不喜歡說話？但這樣的學員在課堂上相當多，我每次都開玩笑說，大家從外星球降落來地球，都不習慣用嘴巴說話，以為發射意念電波就能溝通，都還是外星人吧。

如果真的如此，那文凱絕對是在地球學說話學得最好的外星人之一。

口語流暢的記者，與其他人的需求不同

文凱第一次在課堂上自我介紹，我就懷疑他為什麼要來上課？他的口齒清晰、表達流暢，腦袋的思考跟說話速度配合得天衣無縫，雖然聽得出他已經刻意放慢放鬆，但嘴巴裡的真功夫還是藏不住。

果然文凱的工作是一位電視台記者，也曾經擔任過廣播節目主持人，清晰的思緒、清楚的口語配上敏捷的反應，顯示出他的專業能力。剛好我們那天請大家練習當轉播特派記者，以充滿流線、高低輕重的語氣報導，只見文凱信手拈來：「觀眾朋友大家好，今天是台灣文化啟蒙者蔣渭水先生逝世五十周年紀念日，記者現在位置是在台北市漢口街慈雲寺……」完美呈現一秒鐘能塞七個字的精準口語，就像縫紉機噠噠噠地打在一直線上，聽完好過癮，全班掌聲鼓譟，驚嘆不已。

有趣的是，其他同學都希望自己能變成文凱那樣，但文凱卻是來課堂上「降速」的：「我朋友說我講話太『記者』了，在KTV一起講幹話時還是字正腔圓，

他們說很像在聽新聞播報，很有壓力呀！」他希望下了班之後能恢復「正常人」的樣子，軟爛混沌地說話。

我教學十多年，第一次聽到這樣的需求，覺得開心極了，好像收集到不同的寶可夢一樣，每每有不同的聲音品種出現，都會讓我感到興奮。

其實仔細觀察，文凱是一個對世界非常敏感的男生，也不時地在觀察著旁人的反應，善良貼心，又小心翼翼。

曾經無法開口，因生命轉捩點開始改變

過了一個周末，我收到文凱的錄音作業，主題是「我的寶藏」：「今天要來說一段關於寶藏的故事，對我來說很幸運，我帶了很多美好的東西來到世界上，其中最重要的就是『說話』。」

我用著家庭環繞式音響播著音檔，坐在沙發聽著，文凱的聲音就像深夜廣播一般療癒，分享了他其實有段辛苦學說話的過去。

他小時候並不是一個很會講話的人，整個幼稚園時期甚至有三分之二的時間都不講話，一方面不知道自己可以說什麼，另一方面也是害羞不敢跟任何人說話，即使同學們都很友善，還是無法勾起他開口說話的契機。

這樣的經驗很痛苦，讓他無法和同學正常互動，總是板著一張臉完全不說話的他，也開始遭受到同學的霸凌。曾經有一次，他在幼稚園的球池裡被大家攻擊、嘲笑，一顆顆塑膠球就這樣打在身上，雖然不會痛，但鑿在心裡的創傷卻永難遺忘。

又有一次在唱遊課上，大家需要輪流上台表演，「我緊緊捏著手帕走上台，但是一個字都唱不出來，台下同學全部開始笑我，我走下來後，發現整條手帕都是濕的，我雖然沒有哭，但其實內心覺得很受創。」

安靜的小文凱直到六年級那一年，暗戀上當時的班長，那是一位功課很好的女生，備受老師喜愛，又是全縣演講比賽的冠軍，還會說相聲。「我突然意識到自己必須學會講話，想要向她靠近，也想為自己發聲，這樣才能決定要往哪個方向，或不要往哪裡走。」

文凱開始在每天回家後，拿著《國語日報》對著鏡子一句一句唸，用隨身聽把自己的聲音錄起來，反覆重播檢視，或是學警廣的DJ播報路況，每天勤奮地練習，文凱發現自己越來越能把話說好。

上國中後因為升學到不同學校，文凱沒有再與那位女同學聯絡，卻得到了珍貴的口語能力。「後來我因為出色的演講能力，獲選為優良學生，還上台在全校面前發表政見，慢慢累積出了自信，終於擺脫了被霸凌的黑暗日子。」

文凱開始變得有些驕傲。他競選國中校內的優良學生，上台跟全校一千多名學生「推銷自己」。那一年，某個班級沒有推出優良學生代表，為了拉票，他在台上說了一句：「某某班因為有點問題，所以沒有派出代表。」結果，「有問題」這三個字得罪了那個班的同學，竟然在放學後，堵在校門口威脅文凱，他還為此到那個班上鞠躬道歉。

如今，文凱作為一名記者，一直謹記要謙虛地使用自己的話語權，在各種公開場合，像是職場、教課、演講、主持時，特別謹慎、小心地用字遣詞，不讓自己的話語造成可能的傷害，也才讓這個能力持續帶他走到今天，成為自己在世上的一個標誌。

「現在回想起來，我很感激老天爺賜予我這樣的能力，我不敢說自己說的話能幫助多少人，但它確實改變了我很多，讓我感恩也珍惜。」

每天送出一句好話，讓聲音開出一朵花

聽完文凱的故事，也讓我感覺到胸口暖暖的，感激老天賜予我說話的能力，也很感謝所有願意與我分享生命故事的朋友。

或許有人現在也受困於無法順暢表達自我的窘境，但希望看完文凱的故事，能給你一些些力量，明白那些說得很好的人，背後也是下了不少功夫，才能變成今天厲害的樣子，你也可以一步步從外星人到地球人，學習溝通說話，運用聲音的能力。

這本書到了尾聲，我特別想提醒大家，聲音表達是門極深的藝術，但當我們把話說得越來越好後，請記得不要讓你的聲音變成一把鋒利的刀，張牙舞爪到處刺傷

他人，只為彰顯自己。請讓它成為一顆顆種子，同時帶著溫暖，讓世界變得更美麗，你吐出的每字每句，都能開出一朵花。

我的好朋友，同時也是資深媒體主持人潘月琪，在她的著作《質感說話課》裡寫著：「我們每天只要說出一句感動人心、溫暖人心的話語，一年三百六十五天，我們就送出了三百六十五份禮物。」有意識用言語溫暖地支持別人，也支持自己，讓自己活得更寬廣開闊。

這正是我的聲音課，最想帶給大家的東西。

［後記］

找回自我的聲音，為自己而說，也為愛而說

我是一個身體裡有很多聲音的人，常常同時有很多想法，要決定哪一些話可以出來對外，哪一些話要留在心底。

聲音詮釋指導這份工作，要陪著演員做角色功課，了解各種不同角色背後的性格、生長背景、心理狀態，從內到外塑造出不同的聲音，每一個聲音的紋路與質地，都有它的生成脈絡，和它的理所當然。

如果你要問我花了多久找到自己的聲音，我會回答一輩子吧。或者說，每一個聲音，都是一個人一生所有過去與現在的加總。

記得五歲那一年，有一位長輩來家裡拜訪，看見我就低頭問：「妹妹，你將來

想要做什麼呀？」當時我不知道哪來的靈感，張開嘴就大聲回答：「我要做音樂家！」記得回答完的那個當下，我雙眼發光、全身發熱、聲音響徹了雲霄，抬頭往庭院的天空望去，彷彿聽到從雲的那一端傳來「噹～噹～噹～」的鐘響聲，那一刻我知道，我被整個宇宙應許了，我這一生就是要來做音樂家。

國中的時候，無論走路、騎車、洗澡，開心與不開心時，我都在唱歌。大家都說我有天分。十五歲那年，我決定要成為一位聲樂家，將聲音奉獻給世界。

上大學後，如願進入音樂系主修聲樂，以為離演唱家只差一步的距離，卻突然發現自己長期扯著嗓子過度練唱，導致聲帶嚴重發炎、長繭，於是，聲樂之旅被迫畫下了句點。

生命轉了一個彎，二十三歲那年，我到美國進修聲音詮釋指導，在那裡接觸到全然不同的音樂風格，震撼了我，這才發現原來美有很多種可能，從前我在正統美聲的象牙塔裡，汲汲營營追求的音樂標準，不過是其中一種，不是唯一正確的答案。

單一圓潤明亮完美的框架被打破，我開始懂得欣賞每一種聲音的獨特，嗚咽的聲音、滄桑的聲音、怒斥的聲音，都是某一時刻人類最真切的情感，以前覺得粗糙的菸嗓，此刻聽來卻性感無比，聲音沒有對或錯，每個聲音都有它的美麗與哀愁，每個聲音背後都有個充滿故事的靈魂。聲音就是靈魂誠實地展現。

回台灣後，我開始擔任聲音詮釋指導，不是成為小時候夢想的演唱家，但我卻感激自己走到了這樣的位置。在這十幾年間，陪伴過上千位學員，從企業家到身障者、從專業歌手到一般大眾、從八十歲樂齡族到莘莘學子，每個人的聲音，無論美醜，都是獨一無二的存在。沒想到陪著學員們一趟又一趟的尋找聲音之旅中，我與大家一起順著生命的河流，在每一個的人生轉折中，聽見不同時期的自己。

十五歲，相信世界美好的聲音。

十六歲，想證明自己是對的聲音。

十七歲，大而急躁，不顧一切往成功的路前行的聲音。

十八歲，想要成功壯麗的聲音。

十九歲，聲帶發炎，發不出聲音。

二十三歲，不甘命運安排，絕望的聲音。

二十七歲，發現新世界，快樂的聲音。

二十九歲，離開校園，厭惡世界的聲音。

三十歲，結婚，被伴侶支撐的聲音。

三十四歲，不會當媽媽，無助的聲音。

四十五歲，無法全然接受所有的建議與安排，才發現自己一直有叛逆的聲音。

四十六歲，想要有溫柔的聲音。

四十八歲，找到自己最平和柔軟的聲音。

行筆至此，我彷彿看見了當年在院子裡對著天空吶喊著，要成為音樂家的五歲小女孩，也看見了十五歲那年，那個立志要用聲音為世界服務的少女，我們在光線中微笑、凝視著彼此。

有那麼一瞬間，聲音徹底消失了。我也安心放下了筆，一切了然於心。

最後感謝遠流春旭的邀約，彥菁的採訪以及慧詰的文筆，伊茹的整理幫忙，沒有想到我可以跟文字掛上關係。

感謝父母姊妹永遠的愛，感謝伴侶家人的支持，還有每一位小芬聲音工作坊的歌手、學員，以及每一位看完這本書的你。

願我們都找回自我的聲音，為自己而說，也為愛而說。

國家圖書館出版品預行編目 (CIP) 資料

發「聲」什麼事？：4 堂課找回聲音的力量，完整內在和外在的自己 / 魏世芬著 . -- 初版 . -- 臺北市 : 遠流出版事業股份有限公司 , 2021.01
面；　公分
ISBN 978-957-32-8921-0(平裝)
1. 聲音 2. 演說術 3. 溝通技巧
334　　109019366

發「聲」什麼事？

4堂課找回聲音的力量，完整內在和外在的自己

作　　者：魏世芬
文字整理：曾彥菁
總 編 輯：盧春旭
執行編輯：黃婉華
行銷企劃：鍾湘晴
美術設計：王瓊瑤

發 行 人：王榮文
出版發行：遠流出版事業股份有限公司
地　　址：台北市中山北路一段 11 號 13 樓
客服電話：02-2571-0297
傳　　真：02-2571-0197
郵　　撥：0189456-1
著作權顧問：蕭雄淋律師
ISBN　978-957-32-8921-0

2021 年 1 月 1 日初版一刷
2024 年 6 月 12 日初版五刷
定　　價：新台幣 380 元
(如有缺頁或破損，請寄回更換)

YLib.com 遠流博識網
http://www.ylib.com
Email: ylib@ylib.com